Torsten Boorberg

Das 3 x 3 des Erfolges

www.boorberg-gruppe.de

Das 3 x 3 des Erfolges

1. Auflage, 2011

Layout und Typografie: Regina Lerner
Druck und Buchbindung: Wahl-Druck GmbH, Aalen/Württ.

Herausgeber:
Verlag SKD GmbH
Alte Steige 21/1
73732 Esslingen
info@boorberg-gruppe.de
www.boorberg-gruppe.de

ISBN 978-3-00-035301-7

Inhalt

Einleitung

Kapitel 1

Kapitel 2

Kapitel 3

Kapitel 4

Kapitel 5

Kapitel 6

Einleitung

Zwischen Reflexion und Handlung

„Das Leben ist bezaubernd, man muss es nur durch die richtige Brille sehen."
Alexandre Dumas d. J.

Was ist richtig? Was soll ich tun? Was geschieht, wenn meine nächste Entscheidung falsch ist? Diese oder ähnliche Fragen bewegen jeden Unternehmer, bereiten ihm vielleicht schlaflose Nächte.

Das ist vollkommen normal, denn genau das bedeutet es nämlich, Unternehmer zu sein: man unternimmt etwas, ohne das Ergebnis zu kennen. Man glaubt, man hofft, ist überzeugt, aber es gibt keine absolute Garantie, ob sich der gewünschte Erfolg auch einstellt.

Erfolg ist zweifellos die Summe richtiger Entscheidungen, doch glauben Sie mir eines: Sie werden niemals in der Lage sein, immer richtig zu entscheiden. Das ist jedoch auch gar nicht notwendig, um erfolgreich zu sein. In den allermeisten Fällen genügt es, wenn Sie mehr richtige als falsche Entscheidungen treffen. In manchen Branchen und Situationen ist es sogar so, dass Sie einfach nur mehr richtige Entscheidungen treffen müssen als Ihr direkter Wettbewerber. „Unter den Blinden ist der Einäugige König", pflegte mein Vater, ein sehr erfolgreicher Unternehmer, zu sagen.

Wie können wir aber die Fähigkeit erlangen, möglichst viele richtige Entscheidungen zu treffen - zumindest mehr als unsere Konkurrenten - und damit auch die gewünschten Ergebnisse erreichen?

In diesem Buch stelle ich dafür ein Konzept vor, das „3 x 3 des Erfolges", und konzentriere mich dabei auf die wichtigsten Bereiche für den Erfolg Ihrer Person und Ihres Unternehmens.

Das Konzept erhebt keinen Anspruch auf Einzigartigkeit, es enthält allerdings meine eigenen positiven Erfahrungen der letzten 15 Jahre, in denen ich unter anderem an 15 erfolgreichen Unternehmensgründungen beteiligt war. Daneben berücksichtigt es auch das Feedback der mehr als 100 von mir begleiteten Existenzgründer.

Mit einfachen Tipps, leicht einzusetzenden Hilfsmitteln und vor allem der Konzentration auf nur 3 x 3, also 9 Handlungsbereiche werden Sie den Erfolg ihres Unternehmens signifikant steigern, unabhängig von Branche, Region, Business-Modell oder Tätigkeitsbereich. Es spielt dabei keine Rolle, ob Sie freiberuflicher Einzelkämpfer, Selbständiger oder Leiter eines kleinen oder mittelständischen Betriebes sind und auch nicht, ob Sie erst seit gestern oder schon viele Jahre als Unternehmer arbeiten.

Mit dem „3 x 3 des Erfolges" erhalten Sie eine Seekarte und einen Kompass, um sicher auf dem stürmischen Meer des geschäftlichen Risikos zu navigieren, die richtigen Entscheidungen zu treffen und Ihr Unternehmen auf- bzw. auszubauen – kurz: um erfolgreich zu handeln.

Eine Schlüsselrolle kommt dabei der Reflexion zu. Bevor Sie handeln, müssen Sie die Situation Ihres Unternehmens möglichst nüchtern beurteilen. Aber nur, wenn Sie bereit sind, während dieser Reflexion

Ihre Situation aus anderen Perspektiven zu betrachten, werden Sie die Chance haben, etwas Neues zu entdecken.

Lassen Sie mich das anhand einer Situation aus dem Tierreich verdeutlichen: Eine Löwin durchstreift auf der Suche nach Beute für ihre hungrigen Jungen die Savanne und trifft auf ein Zebra mit Anhang. Gelingt es der Löwin, das Zebra zu reißen, können sich die kleinen Löwenkinder satt fressen. Allerdings verhungern die allein übrigbleibenden Zebrakinder. Das Zebra verschwendet keinen Gedanken an die süßen, hungrigen Löwenbabys, es versucht zu fliehen. Ist seine Flucht erfolgreich, werden die Zebrakinder überleben, die Löwenkinder, die nichts auf ihrem Teller finden, nicht.

Sie werden sicher bemerkt haben, dass sich in der hier dargestellten Situation die Perspektive der Löwin und des Zebras erheblich voneinander unterscheiden.

Stellen Sie sich nun eine Situation in Ihrem Unternehmen vor, und versuchen Sie, diese aus verschiedenen Perspektiven zu betrachten. Sie werden feststellen, dass sie sich je nach Blickwinkel vollkommen anders darstellt. Jede der subjektiven Sichtweisen hat, wie am Beispiel der Löwin und des Zebras gesehen, ihre Berechtigung und kann ausschlaggebend im Hinblick auf die notwendigen Entscheidungen sein.

Deshalb ist es objektiv wichtig für Sie, immer wieder einen Perspektivwechsel durchzuführen. Das wird Ihnen helfen, sich eine möglichst unabhängige Sichtweise auf Ihr Unternehmen anzutrainieren. Sie lernen, die Lage als Außenstehender zu betrachten, zum neutralen Beobachter zu werden. Auf diese Art und Weise können Sie mit gefühlsmäßigem Abstand wichtige Fragen beantworten: Was läuft gut, was läuft schlecht, wie werden sich die Gegebenheiten in der Zukunft verändern? Wird es eher besser oder eher schlechter werden? Sie werden die richtigen Antworten finden, wenn Sie sich vom fixierten Blick der unternehmerischen Unbeweglichkeit lösen, und erhalten so durch eine umfassende Reflexion der Situation Ihres Unternehmens eine gesunde Basis für Ihr Vorgehen.

Doch die Reflexion sollte sich nicht nur auf Ihr Unternehmen erstrecken, sondern auch vor Ihnen selbst nicht Halt machen, denn Sie sind in Ihrem Unternehmen die Schlüsselfigur.

Lernen Sie sich selbst und Ihre Handlungsweise kennen. Wie reagieren Sie auf Erfolg und Misserfolg? Wo sind Ihre Stärken, wo Ihre Schwächen?

Helfen wird Ihnen dabei, sich immer wieder die Frage zu stellen, was Sie getan haben, um Ihr Vorhaben erfolgreich umzusetzen. Womit haben Sie begonnen, welche Fähigkeiten haben Sie dafür genutzt, welche Partner haben Sie mit eingebunden, welche Probleme haben Sie gelöst, wie haben Sie sich in diesem Umfeld gefühlt? Was haben Sie aus dem Projekt gelernt? Was würden Sie beim nächsten Mal anders machen?

Lernen Sie aus Ihren bisherigen positiven Erfolgserlebnissen, aber auch aus Ihren negativen Erfahrungen, Ihren Fehlern. So werden Sie Ihre Fähigkeiten besser einschätzen und steigern können.

Ich wünsche Ihnen dabei viel Erfolg.
Ihr Torsten Boorberg

Über den Autor

„Arbeite, und du kannst der Belohnung nicht entgehen."
Ralph Waldo Emerson

Torsten Boorberg, 39, lebt in Esslingen am Neckar in der Nähe von Stuttgart. Er ist verheiratet und Vater von zwei Töchtern. Seit mehr als 15 Jahren ist er unternehmerisch tätig. Bereits während seines Studiums der Betriebswirtschaft, Volkswirtschaft, Psychologie und Rechtswissenschaft an der Universität von Hohenheim gründete er sein erstes Unternehmen, eine Personalberatung für Studenten. Daraus entwickelte sich in nur fünf Jahren eine Aktiengesellschaft mit einem Jahresumsatz von mehr als 2,5 Millionen Euro und mehr als 30 Beschäftigten.

Seit 2004 gründete der Autor 15 Unternehmen und brachte diese erfolgreich an den Markt. Die in der Boorberg-Gruppe zusammengefassten Unternehmen beschäftigen aktuell 25 Mitarbeiter.

Als Coach und zertifizierter KfW-Berater hilft Torsten Boorberg jungen Existenzgründern bei der Realisierung ihrer Geschäftsideen und unterstützt Unternehmensgründungen in frühen und risikoreichen Phasen mit Know-how und Kapital. Dazu legte er einen Investment-Fond auf und schuf die Inicap GmbH, eine in Deutschland einzigartige Beratungsgesellschaft, die Unternehmer bereits in der Gründungsphase finanziell unterstützt.

Sein Wissen gibt Torsten Boorberg in Seminaren, Vorträgen, bei Coachings und durch seine Bücher weiter. Kunden und Teilnehmer schätzen besonders seine kompromisslose Ehrlichkeit und schnelle Situationsanalyse.

Vorwort Marc Galal

Es ist mir eine Freude, dieses Vorwort für Torsten Boorberg zu schreiben. Ich sehe ihn als einen Menschen, der das lebt, was er hier in diesem Buch niedergeschrieben hat. Er schafft es, wie kein anderer diese Gesetze zu leben. Deshalb bin ich mir sicher, dass „Das 3 x 3 des Erfolges" jedem Verkäufer und Unternehmer zum sicheren Erfolg verhilft, wenn er es nur wirklich möchte.

In den vergangenen 12 Jahren habe ich mehr als 70.000 Menschen in der Kunst des Verkaufens und des Überzeugens gecoacht und trainiert. Die weltweit patentierte nls®-Strategie basiert auf der Überzeugung der Gedanken durch die bewusste Anwendung der Sprache.

Eliteverkäufer verwenden unbewusst oder bewusst den Einsatz von gezielten Sprachmustern. Es gibt viele Prinzipien der Sprachmuster, ein Teil von diesen vielen verschiedenen Mustern, ist das „Ursache gleich Wirkung"-Prinzip. Dieses Prinzip hat zufolge, dass der erste Satzteil mit dem zweiten Satzteil nichts zu tun haben muss, doch wir denken, dass eine Verbindung besteht.

Man kann dies gut mit der „wenn-dann"-Verknüpfung erklären. Z.B.: „Wenn du gleich aus dem Fenster schaust, musst du ganz viel lachen." Der erste Satzteil steht für die Ursache, der zweite für die Wirkung. Wir sind sicher, dass wir irgendetwas sehen werden, das uns zum Lachen bringt, wenn wir gleich aus dem Fenster sehen.

Wenn Menschen eine Begründung für eine Tatsache erhalten, dann sind sie zu 95 Prozent von einer Sache überzeugt, sogar wenn es keinen kausalen Zusammenhang gibt. Wenn Sie dieses Buch lesen, dann werden Sie Erfolg haben.

Eine weitere Strategie der Sprachmuster besteht darin, dass ein Teil der Aussage als wahr unterstellt wird. Zum Beispiel: „Haben Sie bemerkt, dass sich Ihr Kaufverhalten in dem letzten Jahr verändert hat?" Bei dieser Frage ist es egal, ob der Kunde, „Ja, ich habe es bemerkt" oder „Nein, ich habe es nicht bemerkt" sagt. Bei dieser Suggestion wird stillschweigend angenommen, dass sich das Kaufverhalten geändert hat. Wenn Sie jetzt erkannt haben, welche sensationellen Möglichkeiten es gibt, mit der Sprache Menschen zu überzeugen, dann frage ich mich, welche Strategie Sie wohl als Erstes anwenden werden. Auch hierin steckt eine Vorannahme: nämlich, dass Sie eine Strategie anwenden werden.

Einer der wichtigsten Punkte des Verkaufens ist, dass ein Verkäufer zu 100 % kongruent sein muss. Er muss von einem Produkt vollkommen überzeugt sein. Verkäufer sind meistens nicht kongruent mit ihren Gedanken. Das, was sie sagen, ihre Körpersprache und das, was sie fühlen, stimmt nicht mit ihrem Sein überein – der Verkäufer sollte also voll und ganz von der Sache überzeugt sein. Je überzeugte der Verkäufer vom Produkt/von der Dienstleistung und sich selbst ist, desto leichter kann er andere überzeugen.

Nur was in Ihnen brennt, können Sie in anderen entzünden. Seien Sie also zu 100 % kongruent und überzeugt von sich selbst. Diese Grundeinstellung ist die Basis für erfolgreiches Verkaufen. Und das ist auch im Wesentlichen die These dieses Buches über den Erfolg. Denn Sie sind nicht nur erfolgreich, wenn Sie ein tolles Produkt haben, sie müssen es auch leben.

Torsten Boorbergs Konzept und die drei Prinzipien: Hingabe, Planung, Effizienz sowie die 21 Fragen stellen den direkten Bezug zu einer Welt her, die es Ihnen zukünftig ermöglicht stringenter und effizienter, das zu bekommen, was Sie sich wünschen und wofür Sie stehen. Und nicht nur das, diese Prinzipien werden Ihnen auch ein Stück über sich selbst erklären und Sie einen entschiedenen Schritt in Ihrem ganz persönlichen Entwicklungs-Prozess weiterbringen.

Wenn Sie nicht nur das Buch lesen, sondern beginnen es Schritt für Schritt in ihrem Leben zu integrieren, dann wird ihr Erfolg und Ihr Leben zu einer Sinfonie. Design your life. Und werden Sie ein Designer Ihres Lebens.

Ich wünsche Ihnen viel Spaß bei der Lektüre und erfolgreiches Umsetzen der 3 x 3 Erfolgs-Strategie von Torsten Boorberg.

Marc M. Galal

Vorwort Holger Pleick

Liebe Leserinnen, liebe Leser,

Jede Wahrheit tut auch irgendwie weh. So wie mir das Lesen des Manuskriptes jenes Buches, welches Sie gerade in den Händen halten, Kopfschmerzen verursacht hat. Ich fühlte mich ertappt. Der Autor beschreibt im ersten Teil Handlungsmuster, die Erfolg verhindern. Doch da Torsten Boorberg das Buch nicht für oder gar über mich geschrieben hat, war ich wieder beruhigt. So wie mir wird es vielen gehen ...

Wenn uns jemand auf dem Weg zum Erfolg im Wege steht, dann sind wir es selbst.

3 x 3 ist Mathematik. Teil des kleinen 1 x 1, welches wir schon in der Grundschule lernen. Dem kleinen Holger, also mir vor etlichen Jahren, wurde im ersten Zeugnis attestiert: „Den Zahlenraum bis 20 beherrscht er sicher". Ist Erfolg zu haben auch so leicht? Nein, es ist nicht leicht, aber einfach. Das „3 x 3 des Erfolges" von Torsten Boorberg hat mich fasziniert. Es ist nicht das erste Buch, das ich zum Thema gelesen habe, aber es das erste Buch, welches mich tatsächlich zum Handeln animiert hat.

Dem Autor persönlich gegenüber würde ich es nicht zugeben. Dazu kenne ich ihn zu gut und zu lange. Aber Ihnen kann ich es ja sagen: Ich habe die Vorgehensweisen, die in diesem Buch beschrieben werden, umgesetzt. Ich habe Sie in mein Leben implementiert. Es gelingt mir nicht, mich immer daran zu halten, aber immer öfter. Und es funktioniert tatsächlich. Machen Sie es mir nach, aber erzählen Sie es nicht weiter ;-)

Viel Erfolg beim Lesen.
Holger Pleick

Was Sie mit diesem Buch tun können

Das „3 × 3 des Erfolges“ ist meine persönliche Quintessenz aus mehr als 15 Jahren erfolgreicher unternehmerischer Tätigkeit und der Begleitung von mehr als 100 Existenzgründungen.

Irgendwann stellte sich für mich die Frage, warum meine Klienten unterschiedlich erfolgreich sind, auch wenn sie gleiche Grundvoraussetzungen haben. Warum erreicht der eine mit seinem Unternehmen mehr als der andere?

Abstrahiert man in kleinen und mittelgroßen Unternehmen von den Rahmenbedingungen wie dem verfügbaren Kapital, einem mehr oder weniger großen Netzwerk und anderen Faktoren, lassen sich dennoch Unterschiede zwischen erfolgreichen und weniger erfolgreichen Firmen feststellen. Diese Unterschiede betreffen den Faktor „Mensch“ und den Umgang mit den zur Verfügung stehenden persönlichen Ressourcen.

Ob es sich um Unternehmer oder um leitende Angestellte handelt, es gibt Führungskräfte, die scheinbar den Erfolg für sich gepachtet haben. Sie werden immer erfolgreich sein, egal in welchem Land oder in welcher Zeit sie leben oder welche Voraussetzungen sie vorfinden. Liegt es ihnen im „Blut“, also in den Genen? Mikrobiologische Untersuchungen zu diesem Thema sind bisher nicht veröffentlicht worden.

Oder sind es andere „harte“, messbare Faktoren wie zum Beispiel Schulbildung oder Studium, die Unternehmer erfolgreich sein lassen? Doch auch dieser Ansatz greift zu kurz.

Vom Tellerwäscher zum Millionär – Geschichten darüber gibt es zuhauf. Die erfolgreichsten Unternehmerlaufbahnen fußen längst nicht immer auf einer akademischen Eliteausbildung. Menschen mit nur geringer schulischer Bildung haben eine Karriere hingelegt, die unglaublich erscheint. IKEA-Gründer Ingvar Kamprad beispielsweise hat eine ausgeprägte Rechtschreib- und Leseschwäche und war Tischler, als er seine Unternehmerlaufbahn begann.

Welche Faktoren bestimmen aber dann, ob jemand Erfolg hat oder nicht? Was eint Vollblutunternehmer und Erfolgsmenschen? Welche Tricks und Kniffe nutzen sie? Ist das alles zu kompliziert und elitär und dadurch unmöglich zu erkennen?

Die Antwort lautet: Nein! In diesem Buch habe ich mein Wissen über die Gemeinsamkeiten im Vorgehen erfolgreicher Menschen zusammengefasst und daraus Handlungsempfehlungen abgeleitet. Einfach erklärt und leicht in die Praxis umzusetzen.

Für wen ist dieses Buch gedacht?

Erstens für alle, die vor der Entscheidung stehen, sich selbstständig zu machen. Für sie ist das Buch ein Ratgeber und gleichzeitig eine Checkliste, um zu prüfen, ob sie überhaupt das Zeug dazu haben, erfolgreich zu werden.

Zweitens für alle, die schon selbstständig tätig sind und täglich Entscheidungen fällen müssen, die das eigene Leben betreffen, aber auch das Leben anderer Personen wie Partner oder Angestellte. Für sie ist es ein Handlungsleitfaden für mehr Erfolg.

Welche Bedeutung der Inhalt des Buches für mich selber hat, möchte ich mit einer kleinen Geschichte illustrieren:

Ich bin an einem Internetunternehmen beteiligt, das momentan europaweit expandiert. Deshalb bin ich gezwungen, sehr häufig Ländergrenzen zu passieren, um Geschäftstermine wahrzunehmen. Fast jedes Mal werde ich vom Zoll kontrolliert, werde gefragt, wohin ich wolle und ob ich Ware mitbringe.

Wie oft ich mich schon über diese aus meiner Sicht lästigen Kontrollen geärgert habe! Nichts als ein unangenehmer Zeitverlust. Als ich vor kurzem wieder einmal am Grenzübergang in Basel kontrolliert wurde, musste ich jedoch beim obligatorischen Öffnen meines Kofferraums laut lachen. Er war leer – bis auf mein Notebook. Meine Waren befanden sich darin, sicher gespeichert. Meine Ideen, mein Know-how, mein Potenzial, meine Gedanken und Überlegungen – sie sind wertvoller als alle Waren, die pro Tag über die Grenze transportiert werden. Was mein Kopf produziert, werde ich niemals verzollen müssen.

Ich bin sicher, für Sie wird dieses Buch eine ähnliche Bedeutung erlangen und es kann das Wichtigste sein, das Sie jemals lesen werden. Sie erhalten hier auf wenigen Seiten das komprimierte Praxiswissen eines erfolgreichen Unternehmers und Investors, sowie das Know-how aus über 100 begleiteten Unternehmensgründungen.

Alle beschriebenen Methoden wurden von mir in den letzten Jahren selber angewandt, überprüft und kontinuierlich verbessert.

Mit Hilfe dieses Buches werden auch Sie den Wert von Innovationen erkennen, und das beste Vorgehen herausfinden, um ihr Unternehmen am Markt erfolgreich zu platzieren.

Kapitel 1

Erfolgreich sein ist erlernbar

„Holzhacken ist deshalb so beliebt, weil man bei dieser Tätigkeit den Erfolg sofort sieht."
Albert Einstein

Wollen Sie erfolgreich sein? Hier müssen wir anfangen. Diese eigentlich so einfache Frage ist der Kernpunkt für Ihre persönliche Veränderung. Wollen Sie wirklich erfolgreich sein? Und wenn ja, wie sehr, und zu welchem Preis? Was bedeutet Erfolg für Sie? Handelt es sich dabei um finanziellen Erfolg oder geht es Ihnen um Anerkennung, um mehr Zufriedenheit und mehr Glück? Sind Sie bereit, Ihrem Ziel andere Bereiche Ihres Lebens unterzuordnen?

Ersetzen wir das Wort Erfolg für folgendes, beeindruckendes Beispiel durch „Leben". Kennen Sie die Geschichte des siebenundzwanzigjährigen nordamerikanischen Bergsteigers Aron Ralston? Sie ist tatsächlich passiert und wird in dem Film „127 Hours" nacherzählt.

Ralston stürzte auf seiner Bergtour in Kanada ab, sein Arm wurde dabei in einer Felsspalte festgeklemmt. Er konnte sich nicht alleine befreien und hielt in den ersten Tagen einfach nur in der Hoffnung auf Rettung aus. Als es langsam mit ihm zu Ende ging, traf er eine konsequente Entscheidung: Er amputierte sich selbst mit einem 8 Zentimeter langen Taschenmesser seinen Arm.

Dabei mussten Sehnen und Muskeln regelrecht abgerissen, die Hauptschlagader und die beiden Unterarmknochen durchtrennt werden. Trotz des riesigen Blutverlustes schaffte es Aron Ralston, sich den

Armstumpf mit antiseptischer Creme einzureiben und ein blutstillendes, elastisches Band am Oberarm festzuzurren.

Mit einer Hand seilte er sich dann zum Boden der Schlucht ab und traf nach zwei Stunden auf Bergwanderer, die per Handy einen Rettungshubschrauber riefen.

Für sein Leben war Ralston bereit, seinen Arm zu geben. Ein hoher Preis, doch in Relation zum Leben, das auch mit einem Arm möglich ist, ein doch verhältnismäßig kleiner Einsatz.

Wie verhält es sich bei Ihnen? Was sind Sie bereit, für Ihren Erfolg zu geben?

Hat Erfolg existentiellen Charakter?

Wie wir am Beispiel Aron Ralstons gesehen haben, kann der Erfolg einer Entscheidung gleichbedeutend mit Leben, also von existentieller Bedeutung sein. Dazu ein weiteres Beispiel:

Zwei Jäger treffen in der Wüste plötzlich auf einen Löwen. Der eine will sofort aufgeben. Er sinkt auf die Knie und betet. Der andere Mann jedoch beginnt zu laufen. Sein Gefährte ruft ihm nach: „Es hat doch keinen Sinn, der Löwe ist sowieso schneller!"

„Ich will nicht schneller sein als der Löwe, ich will nur schneller sein als du", ist die Antwort. Sich bewegen und Erfolg haben oder den Dingen ihren Lauf lassen – früher war diese Entscheidung wie im obigen Beispiel oft im ursprünglichen Sinne existentiell. Die Frage lautete einfach: Will ich überleben?

Doch auch heutzutage wären wir ohne das Streben nach Erfolg alle längst ausgestorben, davon bin ich zutiefst überzeugt. Die Erfolgreichen dieser Welt sind der Motor, der alles am Laufen hält. Ohne sie gäbe es keine Entwicklung, kein Wachstum, keinen Wohlstand. Nur Menschen, die erfolgreich sind, können der Welt etwas zurückgeben, das für die Allgemeinheit von hohem Nutzen ist. Viele der erfolgreichsten Unternehmer haben Stiftungen gegründet und großzügig für soziale Projekte gespendet.

Die „Bill & Melinda Gates Foundation" zum Beispiel hat einen Kapitalgrundstock von etwa 35 Mrd. US$ und setzt sich für Entwicklungshilfe und die Behandlung und Bekämpfung von Krankheiten in der ganzen Welt ein. Die Rockefeller-Stiftung unterstützt seit ihrer Gründung 1913 unter anderem das öffentliche Gesundheitswesen, die medizinische Ausbildung und den wissenschaftlichen Fortschritt.

Der von dem Unternehmer Alfred Nobel gestiftete Preis hat eine unschätzbare Bedeutung im wissenschaftlichen Forschungsbereich erlangt. Die Aufzählung ließe sich noch lange fortsetzen.

Viele Menschen arbeiten nur für den eigenen Erfolg – wirklich erfolgreiche Menschen achten darauf, dass die eigenen Leistungen für die Gemeinschaft einen positiven Effekt haben.

Welchen Beitrag zur Gesellschaft leisten Sie? Hat Ihre Arbeit, Ihr Erfolg eine über das Persönliche hinausgehende Bedeutung für Sie?

Wenn Sie in Ihrem beruflichen Alltag mit Ihren Überzeugungen im Einklang stehen, müssen Sie sich über mangelnde Motivation niemals Gedanken machen.

Wenn Sie den Sinn ihrer Tätigkeit erkannt haben, ist Ihr Antrieb unendlich groß, und Ihr Erfolg wird Spuren hinterlassen. Allerdings erfordert die Suche nach dem Sinn Zeit und die grundsätzliche Bereitschaft, sich mit sich selbst zu beschäftigen.

Viele Menschen sind die geborenen „Unternehmer", sie haben eine besondere Geisteshaltung. Sie sagen: „Ich muss handeln, ich muss etwas tun, damit ich mich gut und zufrieden fühle."

Damit unterscheiden sie sich sehr stark von den „Unterlassern", die zwar oft tolle Ideen haben und viele neue Lösungsmöglichkeiten finden, doch immer sagen: „Ich brauche noch... Wenn ..., dann werde ich." Solche Menschen fürchten das Risiko einer falschen Entscheidung. Wie wollen diese Unterlasser Erfolg haben?

Es gibt nur wenige Unternehmer, aber unendlich viele Unterlasser. Um Erfolg zu haben, müssen Sie Unternehmer werden.

Erfolg beginnt im Kopf

Wenn Sie nach der Lektüre dieses Buches Ihre rosige Zukunft vor sich sehen, Sie also den Entschluss gefasst haben, Gas zu geben und erfolgreich zu werden, dann schaffen Sie das auch. Der Erfolg beginnt in Ihrem Kopf, Sie können ihn sich nicht von anderen schenken lassen, ihn auch nicht kaufen, Sie können Erfolg nur selbst erreichen.

Sie entscheiden mit Ihrer Einstellung, ob Sie ein erfolgreicher Unternehmer werden oder ein mäßig erfolgreicher Angestellter.

Was ist Erfolg?

„Als ich klein war, glaubte ich, Geld sei das Wichtigste im Leben. Heute, da ich alt bin, weiß ich: Es stimmt."
Oscar Wilde

Ist Erfolg in Geld messbar?
Lässt sich Erfolg wirklich festmachen an der Umsatzrendite, an dem Erwirtschafteten?

Geld ermöglicht viel, Geld ist das Tauschmittel, mit dem Projekte realisiert werden können. Das Ergebnis ist noch mehr Geld für noch mehr Realisierung – ein Kreislauf, der erst langsam und dann immer schneller in Gang kommt, wie ein kleiner Schneeball, der zu einer immer größeren Kugel wird und am Ende zu einer nicht mehr aufzuhaltenden gewaltigen Schneelawine. Geld lässt also mit großer Wahrscheinlichkeit noch mehr Geld entstehen und die Dynamik dieses lawinenartigen Prozesses hilft, eine der größten Hürden auf dem Weg zu finanziellem Gewinn zu nehmen: den Mangel an Geld zu Beginn eines Projektes.

Mit Geld können Ideen, Visionen und Projekte verwirklicht werden, es ist aber niemals alleiniger Ausdruck von Erfolg und damit nur bedingt geeignet, den tatsächlichen Erfolg eines Menschen zu messen. Jeder Mensch startet mit unterschiedlichen Voraussetzungen. Jemand kann mit einem großen Erbe ausgestattet sein, realisiert sein Projekt auf dem Markt aber nur langsam und ineffizient. Dennoch hat er vielleicht ständig mehr Geld auf dem Konto als Sie. Hat er deswegen auch mehr Erfolg? Fragen Sie sich stattdessen:

Wo komme ich her und ist mein Weg insgesamt erfolgreich? Entscheidend ist, was Sie selbst als Gradmesser Ihres Erfolges festlegen.

Verstehen Sie mich bitte nicht falsch, nichts liegt mir ferner, als Geld zu verteufeln. Geld zu haben, und vor allem mehr Geld zu haben als man ausgibt, ist ein schönes Gefühl. Sein gewünschtes Leben leben zu können, gibt einem Ruhe, Sicherheit und Gelassenheit.

Das zählbare Geld ist ein Maßstab, der ein einfaches und leichtes Vergleichen möglich macht. Geld an sich verschafft aber keine Befriedigung und taugt weder als Motivator noch als einziger Gradmesser für Erfolg.

Erfolg ist mehr als Geld

Weniger Materialismus, mehr Moral, Gutes tun – mittlerweile stehen ökologische und soziale Aspekte im Mittelpunkt des Lebens vieler sehr erfolgreicher Unternehmer. Sie wollen Wohlstand, aber mit Spaß und vor allem mit gutem Gewissen.

Erfolg muss also weit mehr sein, als nur das Vorhandensein von Geld. Wie der amerikanische Psychologe Maslow bereits Mitte des vergangenen Jahrhunderts feststellte, liegen die Motive unserer Handlungen auf unterschiedlichen Ebenen. Zur Veranschaulichung seiner Vorstellungen entwickelte er das Modell der sogenannten Bedürfnispyramide. Zuerst ist es für jeden natürlich wichtig, erfolgreich zu sein, um seine Grundbedürfnisse erfüllen zu können. Nach der Erreichung dieses Zieles werden dann aber die nächsten Stufen der Maslowschen Bedürfnispyramide erklommen.

Der Weg bis zum finanziellen Erfolg ist kurz, danach geht es um andere Ziele. Was würde sonst den erfolgreichen Unternehmer noch antreiben, wenn Geld schon im Überfluss vorhanden ist? Unzählige Beispiele zeigen, welches Engagement solche Menschen an den Tag legen für Projekte, Institutionen oder Stiftungen, bei denen das Geld nicht im Vordergrund steht.

Viele Erfolgsmenschen arbeiten täglich, ohne dass die monetäre Entlohnung eine große Rolle spielt. Ihr Handeln wird von Altruismus motiviert und sie sind damit weit erfolgreicher als viele andere.

Die Definition von Erfolg ausschließlich über Geld greift zu kurz. Jeder Mensch muss für sich selbst bestimmen, was für ihn Erfolg ist, wie er seinen Erfolg misst und an welchen Maßstäben er sich dabei orientiert.

Hilfreiche Definitionen zum Umgang mit dem Begriff Erfolg

Für mich sind zwei Erfolgsdefinitionen besonders interessant, über die ich immer wieder nachdenke. Sie sind beide logisch und einfach zu verstehen, so wie auch Erfolg zu haben letztendlich eine einfache Sache ist.

Die beiden Definitionen gefallen mir so gut, dass ich sie hier nennen und erläutern möchte:

- Erfolg ist die Fähigkeit, seine selbst gesetzten Ziele zu erreichen.
- Erfolg ist, die Absicht in Resultate umzuwandeln.

Erfolg ist die Fähigkeit, seine selbst gesetzten Ziele zu erreichen.

Erfolg wird hier mit Fähigkeit, also einer erlernbaren Komponente, gleichgesetzt. Das bedeutet, jeder Mensch kann erfolgreich sein, indem er seine Fähigkeiten verbessert. Und genau an dieser Stelle setzt das „3 x 3 des Erfolges“ an, ich beschreibe Ihnen Wege, Ihre Fähigkeiten auszubauen und zu vertiefen, um erfolgreicher zu werden.

Die obige Beschreibung von Erfolg enthält die Formulierung „selbst gesetzt“. Das ist positiv, weil sie damit den Unternehmer in den Mittelpunkt stellt. „Selbst gesetzt“ bedeutet, dass nur Sie und niemand sonst für Ihren Erfolg verantwortlich sind, denn Sie definieren Ihre Ziele. Sie sind Unternehmer, kein Unterlasser, Sie entscheiden jeden Tag neu darüber, ob und wie sehr Sie erfolgreich sein wollen. Sie allein legen fest, was für Sie Erfolg ist und was Sie bereit sind, dafür zu tun.

Die Definition enthält weiterhin den Begriff „Ziel“. Nur wenn Sie wissen, wohin Sie wollen, können Sie den richtigen Weg dorthin einschlagen. Wenn Sie Ihr Ziel nicht festlegen, werden Sie nie wissen, wie weit Sie noch von ihm entfernt sind. Ihnen fehlt jegliche Möglichkeit der Selbsteinschätzung und Selbstreflexion, es gibt keinerlei Maßstab für Lob oder Tadel, für die eigene Leistung. Nur wenn Sie wissen, was genau Sie erreichen wollen, können Sie den Erfolg Ihres eingeschlagenen Weges einschätzen und sich durch Teilerfolge immer wieder neu motivieren.

Im letzten Teil der Definition liegt der Fokus auf dem Erreichen des Zieles. Am Ende zählen ausschließlich die produzierten Ergebnisse und die Antwort auf die Frage: Habe ich das gesetzte Ziel auch wirklich erreicht? Kennen Sie auch einen der vielen Menschen, die zwar ein Ziel haben, den ersten Schritt in Richtung

Verwirklichung auch gehen, aber dann bei der weiteren Umsetzung ihres Vorhabens einbrechen? Ich persönlich glaube, dass es sehr wichtig ist, ein Unternehmen, das man begonnen hat, zu Ende zu führen, denn sonst verliert man seine Glaubwürdigkeit, sich selbst und anderen gegenüber.

Erfolg ist, die Absicht in Resultate umzuwandeln.
Diese zweite Beschreibung definiert den Unterschied zwischen Unternehmer und Unterlasser: Nicht nur Reden, sondern Handeln ist die Devise. Wir sind erfolgreich, weil wir Fehler machen und daraus lernen, nicht weil wir mögliche Fehler unterlassen. Sie haben sich entschieden, Ihr Leben in die eigenen Hände zu nehmen, aktiv zu werden, das Glück zu zwingen. Das ist der richtige Schritt und er führt zum Erfolg. Auch wenn es immer wieder Täler zu durchschreiten gilt, das einzig Wichtige, das Entscheidende ist am Ende des Weges der Gipfel – der Erfolg des Projektes.

Es geht also um das Tun. Ihr Wille, ein Ziel tatsächlich zu erreichen, wird in Aktion umgesetzt. Deswegen ist die ursprüngliche Entscheidung, etwas wirklich zu wollen, so wichtig – sie ist der Motor, der Antrieb für Ihre notwendigen Handlungen.

Erfolg = Glück ?
Es geht hier nicht um die Frage „Was ist Glück?“. Dies ist ein Wirtschaftsratgeber, der Ihnen hilft, ihre geschäftlichen Aktivitäten erfolgreicher zu gestalten.

Er ist nicht entstanden, um Glück in die Menschheit zu tragen. Aber natürlich berührt die Frage des

Zusammenhangs zwischen Glück und Erfolg nicht nur ökonomische, sondern auch andere Bereiche des Lebens wie Partnerschaft, Erziehung der Kinder, Engagement für soziale Projekte und anderes mehr. Glück und Erfolg, zwei Begriffe aus den auf den ersten Blick sehr unterschiedlichen Wissenschaftsgebieten der Philosophie und der Ökonomie, scheinen enge Verwandte zu sein. Häufig werden sie sogar gleichgesetzt. „Ich bin erfolgreich, weil ich Glück habe", heißt es.

Tatsächlich widerfährt Glück erfolgreichen Menschen besonders häufig. Natürlich haben sie nicht immer nur Glück, aber sie haben mehr Glück als andere. Ihr Glück kommt jedoch nicht von allein, sondern sie tun etwas dafür. Sie maximieren und ergreifen ihre Glückschancen bewusst. Menschen, die viel Glück haben, sind aktiv. Sie gehen häufig auf Andere zu und erhöhen so die Chancen auf positive Begegnungen, die sie weiter bringen. Sie haben außerdem im Allgemeinen eine entspannte Lebenseinstellung und realisieren deshalb Möglichkeiten in ihrem Umfeld leichter.

Glück als die Erfüllung menschlichen Wünschens und Strebens ist ein sehr vielschichtiger Begriff, der Empfindungen von momentanem Glücksgefühl bis zu anhaltender Glückseligkeit umfasst. Als äußeres Geschehen begegnet es uns in Gestalt eines glücklichen Zufalls zum Beispiel im Falle eines Lottogewinns oder als Schicksalswende, wie die Heilung einer Krankheit. Echter und dauerhafte Erfolg ist jedoch niemals das Ergebnis eines Zufalls. Glück entscheidet nicht über den Erfolg.

Glück und Erfolg liegen also vielleicht dicht beieinander – doch sie beschreiben verschiedene Dinge.

Um das noch besser zu verstehen, lassen Sie uns zwei unterschiedliche Versionen von Glück analysieren und deren Bedeutung verinnerlichen.

„Glück haben"

Das Wort „Glück" ist aus dem mitteldeutschen „gelucke" (ab 12. Jahrhundert) bzw. aus dem mitteldeutschen „gelücke" entstanden. Es bedeutete die „Art, wie etwas endet / gut ausgeht". Glück war demnach der günstige Ausgang eines Ereignisses. Für den „Beglückten" waren dafür weder ein bestimmtes Talent noch eigenes Zutun erforderlich.

Dagegen sagt der Volksmund: „Jeder ist seines Glückes Schmied". Hier gibt es eine mindestens anteilige Verantwortung des Einzelnen für die Erlangung von Lebensglück. Mit eigenem Einsatz und eigenem Zutun kann man also Glück fördern.

„Glücklich sein"

„Geld alleine macht nicht glücklich, beruhigt aber ungemein."
Sprichwort

Eine andere Frage ist es, ob Erfolg die Fähigkeit, glücklich zu sein, beeinflusst. Diese Fähigkeit hängt außer von äußeren Umständen auch von individuellen Einstellungen und von der Bejahung einer gegebenen Situation ab. „Glücklich sein" ist nicht gleichbedeutend mit „erfolgreich sein", doch es besteht ein enger Zusammenhang zwischen beidem. Es gibt viele Menschen, die glücklich, jedoch nicht erfolgreich sind – aber nur wenige, die erfolgreich und unglücklich sind. Denn die

Belohnung, die Selbstbestätigung und -stärkung und die Motivierung für weiteres Handeln als Folgen des „Erfolgreich seins" sind wichtige Determinanten von Glück.

Glück ist flüchtig, nicht planbar, nicht haltbar, deshalb sind alle Menschen ständig auf der Suche nach ihm.

Erfolg dagegen wird nicht gesucht, er wird erworben, erarbeitet und so durch eigenes Tun eine langfristige Komponente im Leben.

Glück widersteht dem Neid, Erfolg widersteht der Vergessenheit.

Darf man erfolgreich sein?

„Bescheidenheit ist eine Zier – doch besser lebt sich's ohne ihr."
Altes Sprichwort

155.000 € Vermögen sammelt ein durchschnittlicher Deutscher während seines Lebens an. Einige Menschen verdienen diesen Betrag bereits in einem Jahr. Ist das nicht irgendwie unmoralisch? Andererseits lebt die Mehrheit der Deutschen in finanziell gesicherten Verhältnissen. Laut einer Untersuchung aus dem Jahr 2008 darüber, was den Deutschen am meisten Stress verursacht, gaben 48 von 100 Befragten „Berufsschule" oder „Studium" an, nur ein vergleichsweise kleiner Anteil von 20 % entfiel auf finanzielle Sorgen.

Gibt es einen objektiven Grund dafür, sich für Erfolg zu schämen? Ich denke, nein.

Es hängt wohl vor allem von der kulturellen Prägung des Einzelnen ab, ob er sich für seinen Erfolg schämt. Schweizer und Schwaben zum Beispiel sind sich in ihrem Verhalten ganz ähnlich: Man erzählt wenig und spricht nicht über Erfolge, geschweige denn über Geld. Warum? Weil man Angst vor Neid hat. In Amerika ist das völlig anders. Da wird der Erfolg eines Menschen auch öffentlich gezeigt. Und die Reaktionen sind positiv: „Der ist erfolgreich – der hat was Tolles geleistet." Ein gutes Beispiel für den unterschiedlichen Umgang mit dem Thema ist die Franchisebranche. In Amerika gilt ein erfolgreicher Franchisenehmer selbstverständlich als ein erfolgreicher Unternehmer, in Deutschland dagegen heißt es: „Das hat der ja gar nicht selbst erfunden – das ist ja nur Franchise."

Ein Wendepunkt in meinem Leben war der Tag, an dem ich begriff, dass ich mich für meinen Erfolg nicht entschuldigen muss.

Ich verheimliche die Resultate meines Erfolges nicht. Natürlich ist mir bewusst, dass ich mich auf einem schmalen Grad bewege. Wie weit man hier geht, muss jeder einzelne für sich entscheiden. Ich empfehle niemandem, aufzuschneiden, mit einem Megaphon durch die Gegend zu laufen und zu verkünden: Das ist mein Haus, mein Pferd, mein Porsche und das ist mein Bankkonto!

Aber die angenehmen Folgen des Erfolgs müssen auch nicht totgeschwiegen werden. Wichtig ist, dass man authentisch bleibt.

Der deutsche Historiker Leopold von Ranke hat treffend formuliert: „Nichts ist überzeugender als Erfolg." Also zeigen Sie ihn auch! Befreien Sie sich von der Ansicht, dass Erfolg schlecht ist.

Der hart und clever erarbeitete Erfolg ist vergleichbar mit der Süße der Liebe und man darf nicht nur erfolgreich sein, man muss es sogar! Nur durch erfolgreiche Menschen bleibt die Welt im Wandel, werden Innovationen umgesetzt, die Wirtschaft in Gang gebracht, Erfindungen gemacht, Arbeitsplätze geschaffen und für viele Menschen dauerhafter Wohlstand sichergestellt.

Der Umgang mit Neid

„Mitleid bekommt man geschenkt, Neid muss man sich verdienen."

Robert Lembke

Viele Menschen haben eine einfache Ausrede dafür, nicht erfolgreich zu sein: Ich ertrage den Neid der anderen nicht. Doch was ist Neid genau? Unter Neid versteht man das ethisch vorwerfbare, gefühlsmäßige Verübeln der Besserstellung konkreter Anderer. Ähnlich ist der Begriff der Missgunst zu verstehen. Fehlt es am ethischen Vorwurf, spricht man auch von Unbehagen gegenüber Vorzügen anderer (Besitz, Status, Privilegien), die man selber nicht hat. (Wikipedia).

Genau an dieser Stelle müssen wir einschreiten. Neid nervt und verursacht Unbehagen dem Neidischen. Es ist eine Frage der Perspektive. Wenn dem Anderen Ihr Erfolg nicht gefällt, bedeutet das nicht: Sie dürfen nicht erfolgreich sein. Sagen Sie sich: Wenn jemand ein Problem mit meinem Erfolg hat, dann muss er damit klar kommen.

Der erfolgreiche Schriftsteller Paulo Coelho sagte: Wenn Sie nichts sind, Ihre Arbeit keine Auswirkung hat, dann verdienen Sie Lob. Aber wer aus der Mittelmäßigkeit ausbricht, wer Erfolg hat, fordert das Gesetz heraus und muss bestraft werden.

Sehen Sie Neid als Bestätigung Ihres Erfolges an. Für viele erfolgreiche Menschen ist der positive, konstruktive Umgang mit dem Neid anderer eine der stärksten Triebfedern für ihr wirtschaftliches und gesellschaftliches Handeln.

Was zeichnet erfolgreiche Menschen aus?

Was ist das Besondere an Ihnen, welche Methoden setzen sie häufiger ein als andere? Die wissenschaftlichen Untersuchungen zu dieser Frage sind zahlreich. Ich möchte drei besonders wichtige Aspekte zu diesem Thema näher betrachten:

- Positiv denken
- Die Welt verstehen
- Die Welt gestalten

Positiv denken
Jede großartige Sache, jede Erfindung, entspringt einem Gedanken, einem Geistesblitz. Positive Gedanken und der Glaube an ihre Verwirklichung sind der Motor, der uns bei der Umsetzung unserer Vorhaben antreibt. Optimisten erzielen statistisch gesehen weit bessere Ergebnisse als ihre Pendants, die Schwarzseher, und das ist auch kein Wunder. Negatives Denken und Verhalten zerstören jedes kleine, zart aufblühende Pflänzchen in Ihrem Erfolgsgarten. Suchen Sie deshalb Chancen statt Probleme, seien Sie Optimist, denken Sie positiv.

Erfolgreiche Menschen zeichnen sich durch eine Erfolgskonditionierung aus und denken ständig positiv. Das ist eine reine Willenssache und Kopfarbeit. Dabei geht es ganz besonders darum, für sich selbst den auf den Moment bezogen richtigen inneren Zustand – gedanklich und emotional – zu finden. Dafür ist eine genaue Analyse notwendig: Was denke und fühle ich jetzt und wie will ich denken und fühlen? Genau im jeweils gegenwärtigen Moment – in jedem Moment also – wird der bestmögliche Zustand angestrebt, um die Voraussetzungen für maximalen Erfolg zu schaffen. Genauso, wie es lähmende Zustände wie Depressionen und Ängste gibt, existieren motivierende Zustände, die Ihre Energie erst richtig fließen lassen. So werden Ihre Vorhaben erfolgreich sein!

Alle hierfür notwendigen Prozesse im Kopf laufen blitzschnell ab, innerhalb von wenigen Sekundenbruchteilen, doch Sie können diese Prozesse beherrschen. Denken Sie positiv, verwenden Sie positive Wörter, nutzen Sie eine aufrechte Körperhaltung und beginnen Sie damit, positive Bilder in ihrem Kopf zu produzieren.

Vielleicht kennen Sie diese Strategie bereits aus dem Bereich des Spitzensports. „Gewonnen oder verloren wird zwischen den Ohren", sagt Boris Becker. Gerade Spitzensportler, deren Leistungsniveau nur um wenige Bruchteile von Prozenten auseinander liegt, wissen: Über Sieg oder Niederlage entscheidet oft nur die richtige positive Einstellung. Viele von ihnen arbeiten heute mit Mentaltrainern zusammen, die genau an dieser Stelle die letzten Leistungsreserven aus ihnen heraus kitzeln. Alle diese Spitzensportler visualisieren ihre Ziele, gehen bewusst mit dem Zustand um, in dem sie sich gerade befinden, und konzentrieren sich darauf, in welchen Zustand sie als nächstes gelangen wollen.

Die Welt verstehen

Wir leben gegenwärtig in einer sehr komplexen Welt, die immer schwerer zu verstehen ist. Das beginnt bei den vielen Informationen, die täglich auf uns einströmen. Damit verbunden ist, dass wir unsicherer sind als früher, welche Entscheidungen zu treffen sind. Wenn wir in unserer Geschichte zurückgehen, werden wir allerdings feststellen: Es gab immer wieder Geschichtsabschnitte, die komplex und kompliziert zugleich waren, und zu jeder Zeit wurden Lösungen präsentiert.

Die Grundlagen für den Umgang mit Problemen haben sich über viele Jahre hinweg nicht verändert. Vorsichtiges kaufmännisches Verhalten, Neues entdecken, die Augen offen halten, – das waren schon immer simple Bestandteile des „Erfolgsgeheimnisses" von Unternehmern.

Die Möglichkeiten wirtschaftlich erfolgreich zu sein, haben sich in den letzten 150 Jahren jedoch auch maßgeblich gewandelt. Während früher Unternehmer durch die Erfindung so genannter Schlüsseltechnologien zu Reichtum und Erfolg gelangten, haben sie es heute sehr schwer, Vorlaufzeiten zu refinanzieren, um eine neue Technologie, wie zum Beispiel die Genanalyse oder ein neues Medikament zur Bekämpfung von Alzheimer, zu entwickeln. Dafür bedarf es Unsummen an Geld, sehr viel Zeit und den Einsatz gewaltiger Ressourcen. Für einzelne Personen ist es deshalb heute kaum noch möglich, auf diesem Gebiet Erfolg zu haben. Hier sehe ich eher die großen Konzerne und Aktiengesellschaften im Vorteil, die mit genügend großem Kapital eine entsprechende Finanzierung gewährleisten können.

Unverzichtbar für langfristigen unternehmerischen Erfolg sind aber immer noch Kreativität und Erfindergeist. Unternehmer, die ganz besonders innovativ sind, sind auch ganz besonders erfolgreich und sie erreichen ihre besondere Qualität durch verschiedene

Handlungsmuster. Die Stärke eines Menschen in einem oder mehreren dieser Handlungsmuster sind Determinanten des Erfolgs. Die angewendeten Handlungsmuster sind:

- Verknüpfen
- Hinterfragen
- Beobachten
- Experimentieren
- Vernetzen

Verknüpfen
Verknüpfen ist die Fähigkeit, Fragen, Probleme oder Ideen der unterschiedlichsten Art miteinander in Beziehung zu setzen, obwohl eine Verbindung auf den ersten Blick nicht augenscheinlich ist.

Erfolgreichen Menschen, die im Handlungsmuster „verknüpfen“ ihre Stärken haben, gelingt es, ungelöste Probleme oder Fragen in einen Zusammenhang zu setzen, und dadurch Lösungen zu finden.

Hinterfragen
Erfolgreiche Menschen, die sich durch besondere Qualitäten im Handlungsmuster „hinterfragen“ auszeichnen, geben sich nicht mit dem Status quo zufrieden. Sie fragen: „Warum ist etwas so wie es ist? Könnte es nicht auch ganz anders sein?“

Solche Menschen spielen gerne den Advocatus Diaboli – den Zweifler, der bewusst die Frage stellt: Was wäre, wenn das Gegenteil der allgemeinen Ansicht wahr wäre? Sie können und wollen nicht akzeptieren, dass Dinge „so sind, wie sie sind". Be- oder Einschränkungen, egal ob auf technischem Gebiet oder in anderen Bereichen werden von ihnen nicht akzeptiert.

In meiner bisherigen geschäftlichen Tätigkeit wurde mir der Vorteil des Hinterfragens besonders bei der Beratung einer Physiotherapiepraxis bewusst. Der Physiotherapeut war schon über 15 Jahre am Markt; zum Zeitpunkt der Eröffnung der Praxis war er nur einer von zwei Therapeuten in der Region gewesen, mittlerweile gab es zunehmende Konkurrenz durch immer mehr Praxisneugründungen. Bei der Analyse des Geschäfts der modernen Physiotherapie stellten wir fest, dass aufgrund der sich ständig verändernden Gesundheitsreform die Rentabilität der Praxis nicht mehr per se gegeben war.

Wir stellten die Frage: Was würden wir tun, wenn wir in einem Jahr keine von Krankenkassen verordneten Rezepte mehr einlösen dürften? Der kreative Umgang mit dieser Frage bewegte uns dazu, ein medizinisches Gesundheitszentrum, das konkurrenzlos war, zu eröffnen und an die Physiotherapie- Praxis anzuschließen. Drei Jahre später wurde im medizinischen Zentrum mehr Geld verdient als in der ursprünglichen Praxis.

Beobachten

Beobachtende erfolgreiche Unternehmer stellen sich immer wieder die Frage: „Warum tun die Menschen etwas so, wie sie es tun, obwohl es doch eigentlich keinen Sinn ergibt?" Sie achten sorgfältig auf kleine Details im Verhalten von Kunden und Lieferanten und optimieren ihr Unternehmen auf der Grundlage dieser Beobachtungen. Erfolgreiche Beobachter probieren viele unterschiedliche Blickwinkel aus, um zu lernen, die Welt „mit anderen Augen" zu sehen.

Experimentieren

Das Experimentieren ist ein erfolgversprechendes Handlungsmuster, das besonders im wissenschaftlichen Bereich verbreitet ist. Unternehmer mit einer Stärke in diesem Muster entwickeln neue Produkte, indem sie wieder und wieder probieren und dabei aus Fehlschlägen lernen. Der Erfinder Thomas Edison sagte einmal: „Ich bin nicht gescheitert. Ich habe einfach nur 10.000 Möglichkeiten gefunden, die nicht funktionieren." Die Experimente können sich auf intellektuelle, technische oder prozessorientierte Ebenen beziehen. Da selbstverständlich nicht jeder Versuch zum Erfolg führt, ist es wichtig, eine Kultur des Glaubens an den Nutzen von Fehlschlägen zu schaffen und die Tatsache des lebenslangen Lernens zu akzeptieren. Viele experimentierfreudige Unternehmer haben Lebensläufe, die sie in ferne Länder und fremde Kulturen geführt haben.

Vernetzen

Dieses Handlungsmuster umfasst den Aufbau persönlicher Netzwerke, um dadurch Zugang zu neuen Ideen und dem Wissen und Know-how Anderer zu erlangen. In der modernen Gesellschaft wird die Vernetzung immer wichtiger. Keine Karriere ohne Vitamin B: Für Unternehmer bedeutet dies, immer den bestmöglichen Zugang zu Informationsressourcen zu haben.

Unternehmer, die in diesem Handlungsmuster stark sind, beschäftigen sich nicht einzig und allein mit einer Sache, sondern sind vielfältig interessiert und erhalten ihre einzigartigen Kreativitätsimpulse meist nicht geplant, sondern unerwartet.

Die Welt gestalten

„Erfolg hat nur, wer etwas tut, während er auf den Erfolg wartet."

Thomas Alva Edison

Was zeichnet also kreative, innovative und erfolgreiche Unternehmer aus? Sie stellen mehr Fragen als andere, sie beobachten genauer, sie experimentieren häufiger und sie sind besser vernetzt – und sie alle wollen die Welt verändern und gehen dazu Risiken ein. Aber warum?

Vor allem, weil sie Getriebene ihrer Freude am Gestalten sind. Amazon Chef Jeff Bezos will „Geschichte schreiben", Apple Gründer Steve Jobs wird nachgesagt, seine Hauptmotivation bestehe darin, „der Welt einen Stempel aufzudrücken", wieder Andere wollen die Welt nur ein bisschen besser machen.

Der Mut Neues zu wagen ist untrennbar mit der Möglichkeit von Fehlern und Rückschlägen verbunden; erfolgreiche Unternehmer gehen dieses Risiko bewusst, mit offenen Augen ein.

Sie wissen: Nur wer viel probiert, kann auch viel lösen.

Bist Du so erfolgreich, wie Du sein möchtest?

„Wer immer nur das tut, was er schon kann, bleibt immer der, der er schon ist."
Sprichwort

Stellen Sie sich vor, Sie sind eine hübsche Frau, es ist der Dritte eines Monats, und Ihr Gehalt ist gerade auf Ihrem Konto eingegangen. Gemeinsam mit Ihrer Freundin besuchen Sie an einem warmen Frühlingstag die Haupteinkaufsmeile der nächstgelegenen größeren Stadt. Sie müssen unbedingt Teile der gerade erschienenen Sommerkollektion erstehen. Da Sie die Taschen voller Geld haben, sind Sie gewillt und bereit, in der kleinen, süßen Edel-Boutique Ihres Vertrauens Ihre wohlverdienten Taler auszugeben. Gut gelaunt und lächelnd betreten Sie das Geschäft. Eine Verkäuferin eilt Ihnen entgegen, mustert Sie kurz und stellt Ihnen dann die eine bedeutungsvolle Frage: „Kann ich Ihnen helfen?"

Diese Situation ist Ihnen bekannt, Sie haben das schon hundertmal erlebt. Und Sie kennen auch die Antwort, die Sie geben werden, und Sie wissen, dass auch die Verkäuferin sie kennt: „Nein, danke. Ich möchte mich nur umschauen."

Mehr als 90 % der potentiellen Käufer antworten mit diesem Satz. Mehr als 90 % der Verkäufer benutzen trotzdem die berüchtigte Frage als Einstieg in das Verkaufsgespräch. Immer wieder und immer mit dem gleichen, schlechten Resultat. Ist es nicht schizophren, immer das Gleiche zu tun, aber dennoch andere

Ergebnisse zu erwarten? Wäre es, um den Absatz zu erhöhen, nicht sinnvoller, die Kundenansprache zu verändern?

Warum passiert es aber so selten, dass wir unsere eigene Komfortzone, also das Gewohnte verlassen? Die Fähigkeit, Veränderungen nicht nur zu akzeptieren, sondern sie selbst herbeizuführen ist ein Merkmal erfolgreicher Menschen. Das und auch die anderen Prinzipien und Gesetze, die für erfolgreiche Menschen gelten, sind keine Geheimnisse. Sie sind jedermann zugänglich. Aber nur ein kleiner Prozentsatz der Menschen benutzt diese Gesetze und setzt sie zum eigenen Vorteil ein. Abraham Lincoln sagte: „Die meisten Menschen sind so glücklich, wie sie es sich selbst vorgenommen haben." Das trifft auch auf den Erfolg zu: Sie werden nur so erfolgreich sein, wie Sie es sich vorstellen können.

Die Angst hindert uns am Handeln

Eine Untersuchung aus dem Jahr 2008 ergab, dass 49 % der Deutschen die Angst zu scheitern davon abhält, ein Unternehmen zu gründen. In den USA sind es nur 28 %. Manchmal kann uns schon die schiere Größe eines Vorhabens einschüchtern und die Umsetzung als zu schwierig erscheinen lassen.

Ein Projekt als eine große Aufgabe zu sehen, die nicht unterteilt werden kann, überwältigt uns und macht es schwer, dabei zu bleiben. Evolutionär betrachtet ist das erklärbar. Unsere Vorfahren haben überlebt, weil sie vorsichtig waren. Die Draufgänger wurden eher vom Säbelzahntiger gefressen. Überlebt haben diejenigen, die schön gemütlich in der Nähe der Höhle geblieben sind. Veränderungen, Neues, Unerwartetes bedeuten für uns zunächst also das Signal der Urzeit: „Vorsicht" – was kommt da an Gefahren auf mich zu?" Diese Angst hindert uns am Handeln. Sie zu überwinden ist der erste Schritt – Visionen bringen uns dabei auf Trab.

Die Angst, es noch nicht gut genug zu können

Die Angst, nicht alles zu 100 Prozent zu können, lässt uns abwarten, untätig sein und viele mögliche Chancen verpassen. Wir fangen einfach nicht an. Viele Menschen reden sich ein, sie müssten perfekt sein. Erst wenn es eine 100-prozentig richtige Lösung gebe, lohne es sich auch, damit an den Mark zu gehen, denken sie. Und wer Misserfolge erntet, hat für sich selbst die Erklärung parat, die notwendige Perfektion sei eben noch nicht erreicht. Den Wunsch nach Perfektion legen uns unsere Eltern bereits früh in die Wiege. Die Schulnote „Eins" wird im Zeugnis belohnt, die „Zwei" schon als Note von Verlierern abgetan. Aber wir können nicht vollkommen sein, wir machen alle Fehler, sie gehören zur Entwicklung und zum Leben dazu. Es ist auch überhaupt nicht nötig, alles perfekt zu können, und das Streben danach ist unproduktiv und kann krankhaften Stress auslösen.

Das umgekehrte Vorgehen, nämlich auch mit einer nicht perfekten Lösung an den Start zu gehen, wird uns zu Fehlern zwingen. Die meisten Menschen lernen aber aus ihren Fehlern und das sogar mehr als aus ihren Erfolgen. Fehler sind Signale für sich anschließende Lernerfolge, nur gestehen wir uns das nicht ein und lassen es oftmals nicht zu, Fehler für uns zu nutzen.

Die Angst zu versagen

Wir glauben oft, nicht die notwendigen Fähigkeiten für ein bestimmtes Projekt zu haben. Häufig fehlt uns aber einfach nur das Selbstvertrauen, weil wir nicht wissen, welche Fähigkeiten in uns stecken oder notwendig wären, um unser Ziel zu erreichen. Vielleicht sind wir der Meinung, es fehle uns an Durchsetzungsvermögen oder wir hätten nicht genug Motivation. Vielleicht nehmen wir an, wir seien im Umgang mit Konflikten zu schwach, würden Konfrontationen scheuen, hätten eine schlechte Zeiteinteilung oder kaum Organisationstalent.

Vor diesem Hintergrund glauben wir nicht, dass wir unser Ziel erreichen können. Misserfolg sehen wir als Ausdruck unseres Versagens und die Angst davor hindert uns daran, überhaupt zu starten. Diese Furcht vor dem Scheitern ist kulturell bedingt und leider besonders in Deutschland stark ausgeprägt. Nach einer Untersuchung gehen bei Misserfolgen nur noch die Menschen in Singapur härter mit sich selbst ins Gericht. Ein Land mit einer völlig anderen Fehlerkultur sind die Vereinigten Staaten von Amerika, das „trial and error"- Land. Dort werden Misserfolge akzeptiert. Scheitern gehört dazu, solange man einmal mehr aufsteht als hinfällt.

Erfolgsfaktoren: Wissen, Können, Tun

Ihr besonderes Wissen in Ihrem speziellen Bereich ermöglicht Ihnen, erfolgreich zu sein, und ist die hinreichende Bedingung dafür. Aber Ihr Wissen führt nur dann zum Erfolg, wenn Sie auch in der Lage sind, es einzusetzen. Es gibt viele verschiedene Methoden,

Ihr Wissen zu perfektionieren, aber können Sie Ihr Wissen überhaupt anwenden?

Denken Sie daran: Für erfolgreiche Menschen sind die Ergebnisse das Entscheidende – und Ergebnisse werden Sie nur erzielen, wenn Sie Ihr Wissen gekonnt in die Tat umsetzen. Viele Menschen sind Wissensriesen, aber Handlungszwerge. Die entscheidende Frage ist, ob Sie anfangen. Nur nach dem ersten Schritt kann der Weg zu Ihrem Ziel auch wirklich erreicht werden. Vielleicht können Sie noch nicht alles, doch Sie werden auf Ihrem Weg zum Ziel Ihre Fähigkeiten verbessern.

Die Verantwortung für die Umsetzung Ihres Wissens tragen Sie dabei ganz allein. „Wer eine helfende Hand sucht, findet sie am Ende seiner Arme“, heißt es in einem alten Sprichwort.

Diese Selbstverantwortung bedeutet, sich aus der Abhängigkeit von einem Arbeitgeber, Kollegen oder der staatlichen Zuwendung zu lösen und in die Unabhängigkeit zu begeben. Selbstverantwortliche Menschen wollen weg von fremder Hilfe, hin zur Selbsthilfe und damit weg von der Fremdbestimmtheit, hin zur Eigenbestimmtheit. Indem Sie die Selbstverantwortung für Ihr Leben bewusst annehmen, können Sie Ihre Ziele erreichen und Ihren Erfolg genießen. Auf diese Art und Weise werden Sie aus „passiven Leidenden“ zu „aktiven Handelnden“. Sie können sich neuen Herausforderungen stellen und auf Veränderungen reagieren.

Nur so können Sie sich und Ihr Unternehmen auch erfolgreich weiterentwickeln. Die Fähigkeit zur

Entwicklung und Anpassung an die Gegebenheiten des Marktes ist ungeheuer wichtig.

Das Bewahren des Status quo kennzeichnete noch niemals eine erfolgreiche Entwicklungsgeschichte. Wenn wir die Evolution betrachten, werden wir immer wieder auf folgendes Muster stoßen: Nur die Besten überlebten – und das sind vor allem die Anpassungsfähigsten. Es genügt nicht, sich darauf auszuruhen, für den Moment der Erfolgreichste zu sein. Denken Sie an die Dinosaurier. Sie waren auf der Welt die stärksten Lebewesen und ohne natürliche Feinde. Mittlerweile sind sie ausgestorben.

Endlich frei sein

Der Schweizer Philosoph Peter Bieri vertritt in seinem Buch „Das Handwerk der Freiheit" folgende Kernthese: „Auch wenn die Naturgesetze bestimmen, was wir tun und denken, können wir uns unter Berücksichtigung der jedem Menschen gegebenen Bedingtheiten als frei verstehen. Frei sind wir in diesem Sinne genau dann, wenn wir unseren eigenen Überzeugungen gemäß handeln können."

In diesem Leitsatz kommen die Sichtweise und die Bedürfnisse vieler erfolgreicher Menschen zum Ausdruck. Frei zu sein bedeutet, Verantwortung zu übernehmen, allerdings auch die Wahl zu haben, was wir wann wie tun wollen.

Erfolg ist eine Reise - nicht ein Ziel

„Ich messe den Erfolg nicht an meinen Siegen, sondern daran, ob ich jedes Jahr besser werde."

Tiger Woods

Jemand, der immer weiter auf sein Ziel zugeht, der wieder und wieder neue Teilziele findet, der wird in jedem Fall erfolgreich sein. Er schöpft Befriedigung aus seinem Tun, nicht nur aus den Ergebnissen seines Handelns. Der französische Dichter Gustave Flaubert sagte: „Der Erfolg ist eine Folgeerscheinung, niemals darf er zum Ziel werden."

Wenn der Erfolg eine Reise ist, macht es wenig Sinn, ihn nur anhand der erzielten Ergebnisse zu messen. Natürlich sind sie ein einfacher Gradmesser des Erfolges. Aber die Ergebnisse sind nicht immer vergleichbar; der Ausgangspunkt der Reise, die Voraussetzungen jedes Menschen – Geburt, Erbe, Familiengeschichte – sind für jeden individuell und verschieden. Erzielte Resultate können nur in Relation dazu gesehen werden.

Jeder ist deshalb nur für sich selbst erfolgreich und muss den Erfolgsbegriff für sich – im Rahmen seiner Möglichkeiten – definieren. So kann jeder Mensch erfolgreich sein.

Beachten Sie: Nicht nur Ihr heutiger Horizont und das Wissen, das Sie heute haben, definieren die Möglichkeit für Ihren Erfolg, sondern Sie müssen sich immer im Spannungsfeld zwischen Reflexion und Handlung sehen. Beurteilen Sie selbst Ihre heutige Situation und beurteilen Sie auch, wie weit Ihr eigener Erfolgsrahmen sich erstrecken kann. Die meisten Menschen trauen sich eher zu wenig als zu viel zu. Sie sind lieber mit wenigem zufrieden als nach mehr zu streben. Die meisten Menschen wissen gar nicht, was sie alles erreichen könnten, wenn sie sich darum wirklich bemühen würden.

Wenn Sie Erfolg als eine Reise begreifen, werden Sie daraus Mut und Zuversicht für Ihr weiteres Leben gewinnen. Philosophisch gesehen kann dann Misserfolg sogar Erfolg bedeuten, denn Misserfolg ist nur eine Station der Reise und das Lernen aus Fehlern führt im nächsten Schritt zu einem umso größeren Erfolg auf dem Weg zum Ziel.

Die größten Hindernisse auf dem Erfolgsweg

„Auch aus Steinen, die dir in den Weg gelegt werden, kannst du etwas Schönes bauen."
Erich Kästner

Was soll man alles tun, was muss man können, um erfolgreich zu sein? Vielleicht Betriebswirtschaft studieren, oder Steuerrecht, um fachlich ein Experte zu sein? Ein guter Verkäufer werden? Motiviert sein und fleißig? Durchhalten, planen, sich Ziele setzen, als gute Führungskraft agieren? Unzählige Managementtechniken kennen, Buchhaltung und Controlling verstehen, delegieren können, einfühlsam sein, Zeitmanagement beherrschen?

In den letzten 50 Jahren hat sich die Literatur zu allen diesen Themen exponentiell entwickelt. Kein Bereich blieb unbeachtet. Eine Literaturrecherche über den Online-Buchhändler Amazon ergibt für das Stichwort „Wirtschaft" 210.720 Treffer. In allen Bereichen zum Experten zu werden, um dann erfolgreich im wirtschaftlichen Sinn zu sein, ist deshalb unmöglich. Selbst bei einer durchschnittlichen Lesegeschwindigkeit von zwei Büchern pro Woche würde es mehr als 2000 Jahre dauern, alle Literatur zum Thema zu lesen, und die während der Zeit des Lesens schon wieder neu erscheinenden Bücher sind dabei noch gar nicht berücksichtigt. Wir stehen vor einem konzeptionellen Problem.

Man muss sehr viel wissen und sehr viel können

Wir leben heute in einer Zeit des enormen Anwachsens von Wissen. Man spricht von einer regelrechten Wissens- oder Informationsexplosion, das heißt, die Menge an Informationen in der Gesellschaft nimmt im Verhältnis zu anderen Bereichen überproportional zu. Wissenschaftler haben beispielsweise festgestellt, dass sich das Wissen auf der Welt mittlerweile alle 5 bis 12 Jahre verdoppelt. Parallel dazu steigt die Anzahl der Menschen mit wissenschaftlich-technischer Ausbildung rasant an. In der Mitte des 17. Jahrhunderts waren es weniger als eine Million, 1950 bereits 10 Millionen und im Jahr 2000 sogar 100 Millionen. Zudem werden die Anforderungen in diesen Berufen immer größer. In der Steinzeit hatte es noch gereicht zu wissen, wie man ein Feuer entfacht und zur nächsten Höhle transportiert. Heute arbeiten Wissenschaftler daran, das Sonnenfeuer in Gestalt der Kernfusion auf die Erde zu holen. Sie sind in der Regel hochspezialisiert, um mit der immer weiter steigenden Informationsflut fertig zu werden, der sie genau wie wir alle ausgesetzt sind.

Auch die Anforderungen an Unternehmer sind enorm gestiegen. Früher konnten Menschen mit unterschiedlichsten Bildungsniveaus erfolgreich sein, heute muss ein Unternehmer scheinbar mindestens ein Hochschulstudium an einer Universität mit Lehrstuhl für Unternehmensgründung abgeschlossen haben.

Man weiß nicht, wo anfangen

Das Anwachsen an Wissen hat vor allem quantitativen, nicht unbedingt qualitativen Charakter. Um nicht in der Informationsflut unterzugehen, ist Auswählen von großer Bedeutung. Welche Informationen sind wichtig und vor allem auch richtig? Das Problem besteht nicht mehr vorrangig in der Verfügbarkeit von Wissen, sondern in der Anwendung angemessener Filter und Sortierungsmöglichkeiten, um an relevante Materialien zu gelangen.

Lesen Sie sich die Bestseller-Literaturliste für Managementbücher durch. Kaum ein Thema wurde noch nicht als erfolgsrelevant definiert.

Der Umgang mit Mitarbeitern, die Suche nach geeignetem Personal, Lohn und andere Entgeltsysteme, die komplexen und sich ständig verändernden Regeln der Unternehmensbesteuerung, Buchhaltung und Bilanzierung, emotionales Verkaufen und Nachdenken, der Menschenmanager im Wandel der Zeit... Zu all diesen Bereichen gibt es unzählige Bücher und Informationen.

Wie um alles in der Welt soll es einem aktiven, durchschnittlich intelligenten Unternehmer gelingen, in diesem Umfeld die richtigen Techniken herauszusuchen? Womit soll er beginnen?

Man weiß nicht, was wirklich wichtig ist

Welche Maßnahmen haben in meiner jeweiligen Situation den größten Einfluss auf meinen Erfolg? Was sind die „kriegsentscheidenden" Faktoren? Ich vergleiche diese Situation gerne mit einer Schachpartie. Beim Schachspiel gibt es unterschiedliche Figuren, zunächst die Bauern, dann die Läufer, Springer und Türme und natürlich König und Königin. Schlagkräftig, flexibel, schnell und mit einem großen Handlungsspielraum versehen ist die Königin die wichtigste Figur, abgesehen natürlich vom König, den es zu schützen gilt.

Oftmals ist jedoch ein kleines „Bauernopfer“ der entscheidende Weg zum Erfolg. Was sind die kriegsentscheidenden Figuren bei Unternehmensfragen? Muss ich meine Aufmerksamkeit den Bauern zuwenden oder genügt es, wenn ich Läufer oder Königin geschickt in Stellung bringe, um den Sieg zu erringen? An diesen Fragen verzweifelt der Unternehmer oft.

Man kümmert sich um das Falsche

Viele Unternehmer kümmern sich, nachdem sie endlich ihre Auswahl aus einem Wust von Möglichkeiten getroffen haben, zielgerichtet um die falschen Dinge und haben dadurch vor lauter Arbeit keine Zeit mehr, Geld zu verdienen. Hier helfen nur standardisierte Arbeitsprozesse, die Dokumentation von Arbeitsprozessen in Handbüchern, die Einführung klarer Organisation aller Einheiten, die Delegation von Aufgaben zum Schaffen persönlicher Freiräume. Doch viele Unternehmer beschäftigen sich genau damit nicht. Stattdessen kämpfen und kämpfen sie immer weiter, das Rad dreht sich immer schneller und schneller, der Hamster kommt nicht mehr mit und wundert sich, dass es am Abend noch so viele unerledigte Arbeiten gibt und der Tag aber schon vorbei ist.

In jungen Jahren geht das meistens noch gut. Im Alter zwischen 20 und 30 ist man nicht nur bereit, sondern auch körperlich in der Lage, diese hohen Strapazen auszuhalten. Doch spätestens ab 40, wenn der Körper dieser Lebensweise Tribut zollt und eigentlich mehr Erholungszeit benötigt, geraten viele Unternehmer in eine persönliche physische und manchmal auch psychische Krise. Sinnlose Hamsterarbeit führt zu Burn-Out,

Burn-Out führt zu Leistungseinbußen und am Schluss dieses Teufelskreises steht ein Unternehmer, der am Ende ist.

Man kennt keine geeignete Methode zur Lösung

Wenn Sie beim Lesen dieser letzten Abschnitte des Buches unwillkürlich mehrmals genickt haben, freue ich mich für Sie. Sie sind auf dem richtigen Weg! Sie haben erkannt, dass Sie Veränderungen herbeiführen und dass Sie Lösungen produzieren müssen. Doch ähnlich wie bei der anfangs behandelten Informations- und Wissensüberflutung stehen Sie nun vor der Frage, welche Methoden die richtigen zur Lösung Ihrer ganz speziellen Probleme sind. Auch hierfür werden Sie mit Sicherheit einen nahezu unüberschaubaren Wust von Methoden, Schulungen, Systemen und Software finden. Diese können strategischer Art, kooperativer Art oder sonstiger Art sein. Aber welche Methoden sind gut, welche sind wirkungsvoll einsetzbar, welche sind tatsächlich problemlösend?

Und last but not least: wie funktioniert die konkrete Umsetzung der jeweiligen Methode? Denn wenn Sie zwar eine geeignete Strategie finden, aber sie nicht richtig einsetzen, weil sie nicht wissen, wie sie mit ihr umgehen müssen, dann haben Sie doch noch nichts gewonnen.

Kapitel 2

Reduce to the max – Das 3 x 3 des Erfolges

„Der Preis des Erfolges ist Hingabe, harte Arbeit und unablässiger Einsatz für das, was man erreichen will.“
Frank Lloyd Wright

Wie Sie sicher erkannt haben, gibt es viel zu tun. Für eine erfolgversprechende Umsetzung Ihrer Vorhaben benötigen Sie jedoch ein Modell, das die komplexen Zusammenhänge zwischen den verschiedensten Faktoren, die auf Ihr Unternehmen einwirken, abbildet und auf einfachste Art darstellt, also entkompliziert und auf das Wesentliche reduziert. Ich nenne das - in Anlehnung an den verstorbenen Schweizer Unternehmer Hayek - „reduce to the max“. Dieser Claim wurde für das von Hayek initiierte Autokonzept „Smart“ erfunden und beschreibt die minimalistische Konzentration auf das wirklich Wichtige bei der Fortbewegung von Fahrzeugen in innerstädtischen Bereichen: Reduktion von Treibhausgasen, geringer Spritverbrauch und Platzbedarf, Individualisierung des Verkehrs in innerstädtischen Anlagen, Lifestyle. Für Ihren unternehmerischen Erfolg habe ich das „3 x 3 des Erfolges“ als „reduce to the max“ - Prinzip entwickelt.

Die drei Säulen Ihres Erfolges
Diese drei Bereiche haben den größten Einfluss auf Ihren unternehmerischen Erfolg. Wir abstrahieren dabei von den klassischen Lernmethoden und lassen im ersten Schritt außer Acht, was direkt messbar ist.

Wir führen den Erfolg ganz auf die handelnde Person zurück. Denn wenn eine Person sich bei ihren Handlungen an das „3 x 3 des Erfolges" hält, dann stellt sich der Erfolg wie von selbst ein. So gesehen ist „Erfolgreich sein" eine bewusste Lebensweise, eine Lebenseinstellung und das „3 x 3 des Erfolges" ist ein Lebensgesetz. Wenn Sie danach handeln, „kommt's von alleine". Es geht nicht anders.

Alle Menschen, alle Unternehmer, die die drei Grundsäulen des „3 x 3 des Erfolges" berücksichtigen, werden erfolgreich sein. Oder andersherum ausgedrückt, es gibt keinen Unternehmer, der ohne die Berücksichtigung des „3 x 3" erfolgreich wurde.

Das „3 x 3 des Erfolges"-Konzept steht auf drei Grundsäulen, die durch die erste „3" symbolisiert werden. Die drei Säulen des Erfolges sind

- **Hingabe**
- **Planung**
- **Effizienz**

Das „x 3" bedeutet, zur Stärkung jeder einzelnen Säule gibt es jeweils drei Vorgehensweisen, die sich als besonders effizient und effektiv herausgestellt haben. Sie sind einfach zu erlernen, leicht anwendbar und damit gelingt es Ihnen mühelos, Ihre Säulen auf ein gesundes Fundament zu stellen.

Konzentration schafft Fokussierung

Konzentrieren Sie sich mit Hilfe des „3 x 3 des Erfolges" nur auf Faktoren, die Ihren Geschäftserfolg auch wirklich beeinflussen. Haben Sie dabei getrost den „Mut zur Lücke" – das ist nicht nur mutig, sondern auch sinnvoll, wie aus Erkenntnissen hervorgeht, die der italienische Nationalökonom Vilfredo Pareto bereits im 19. Jahrhundert gewann.

Das aus seinen Theorien abgeleitete Prinzip besagt, dass wir in der Regel 80 % einer Aufgabe in nur 20 % der Gesamtzeit erledigen können. Wer eine Aufgabe zu 100 % erfüllen will, muss also auf die letzten 20 % unverhältnismäßig viel Kraft verwenden. Wie leicht einzusehen, ist das eine verrückte, aber keinesfalls sinnvolle Vorstellung für den Homo Ökonomicus. Er wird sich die Frage stellen, ob nicht auch einmal 80 % genügen dürfen. Rechtfertigen die mageren 20 % mehr an Ergebnis den enormen Aufwand? Sollten wir nicht besser unseren Anspruch etwas relativieren und zum Beispiel auch mit einer nicht 100 %-ig perfekten Lösung an den Markt gehen?

Was allgemein für eine Aufgabe gilt, das gilt genauso für die Verhaltensweisen und Methoden, mit denen Sie erfolgreich sein können. Auch hier ist es wichtig, sich auf das Wesentliche zu konzentrieren. Ich nenne diese Konzentration immer die Konzentration auf das „kriegsentscheidende" Wissen. Als Unternehmer interessiere ich mich dafür, mit welcher Vorgehensweise ich am schnellsten den größten Erfolg erziele. Darauf richte ich meinen Fokus.

Lebensweisheit statt Methode

Das „3 x 3 des Erfolges" ist keine erlernbare Erfolgsmethode – von dieser Vorstellung müssen Sie sich vollkommen verabschieden. Das „3 x 3 des Erfolges“ ist eine Lebensweisheit – nicht mehr und nicht weniger.

Ich möchte Ihnen anhand eines kleinen Beispiels verdeutlichen, was ich damit meine: Das Fallgesetz besagt: Alles fällt aufgrund der Erdanziehung zu Boden. Würden Sie das als eine Methode bezeichnen? Falls Sie mit der Antwort noch zögern, stellen Sie sich vor, Sie steigen in den 10. Stock eines Hochhauses und springen aus dem Fenster. Egal wie oft Sie das tun – vorausgesetzt, Sie könnten es mehrmals – Sie werden immer unten ankommen. Das ist keine Methode, die Sie erst mühsam erlernen und üben müssten. Es ist eine Erfahrung, eine Lebensweisheit, über die zu diskutieren unnötig ist. Es funktioniert. Immer. Schon beim ersten Mal. Sie springen aus dem Fenster und – plumps, sind Sie unten. Der einzige Weg das zu verhindern ist, nicht zu springen. Es hängt nur von Ihnen ab – akzeptieren Sie die Lebensweisheit oder nicht.

Und noch etwas können wir unserem kleinen Exkurs zum Fallgesetz entnehmen: Ob Papst oder Mafioso – aus dem Fenster raus und plumps. Sie fallen alle gleich schnell – ohne Ansehen der Person. Das Fallgesetz gilt für alle Menschen gleich. Genauso ist es mit dem „3 x 3 des Erfolges“. Egal wer Sie sind, damit werden Sie Erfolg haben.

Verkaufen ist Pflicht

„Ich kann nichts dafür, dass meine Bilder sich nicht verkaufen lassen. Aber es wird die Zeit kommen, da die Menschen erkennen, dass sie mehr wert sind als das Geld für die Farbe."

Vincent van Gogh

Nachdem ich die konzeptionelle Phase des „3 x 3 des Erfolges" abgeschlossen hatte, fehlte noch eine entscheidende Komponente. Bei meinen Recherchen über erfolgreiche Personen stellte ich fest, dass alle erfolgreichen Menschen auch immer erfolgreiche Verkäufer sind. Und das nicht nur im Sinne des Verkaufens einer Ware oder einer Dienstleistung, sondern auch, wenn es um eine gute Geschäftsidee oder Geschäftsmöglichkeit geht oder darum, Investoren zu überzeugen oder neue Ideen und Projekte zu präsentieren.

Andere Menschen zu überzeugen ist der Schlüssel, um Kunden zu gewinnen. Was nützt es, wenn Sie zwar ein Produkt oder eine Leistung mit vielen faktischen Vorzügen anzubieten haben, Ihren Kunden die Pluspunkte jedoch nicht vermitteln können? Wenn Sie dagegen den anderen vom Wert Ihres Angebotes überzeugt haben, dann ist der Kauf so gut wie abgeschlossen. Das Verkaufen entscheidet darüber, ob Sie erfolgreich sind oder nicht.

Da dieses Buch jedoch kein klassischer Verkaufs-Ratgeber werden sollte, und weil es auf dem Markt ausgewiesene Verkaufsexperten gibt, empfehle ich Ihnen, sich in diesem Bereich gezielt weiterzubilden.

Prinzip 1 – Hingabe

„Man liebt das, wofür man sich müht, und man müht sich für das, was man liebt."
Erich Fromm, amerikanischer Psychoanalytiker dt. Herkunft

Die Weltgeschichte ist voll von Menschen, die ihre Ideale und Ziele mit Leidenschaft verfolgt haben und sogar bereit waren, für sie in den Tod zu gehen. Giordano Bruno starb für seine Überzeugungen auf dem Scheiterhaufen, Galileo Galilei oder Martin Luther riskierten schwerste Bestrafungen.

Ein hervorragendes Beispiel für einen Unternehmer mit Hingabe und Leidenschaft für seine Firma ist Steve Ballmer. Mit seiner unglaublichen Präsenz ist er schon über viele Jahre hinweg gleichzeitig Herzschlag und Rückgrat von Microsoft. Er hat in Harvard zusammen mit Bill Gates, dem Gründer des Unternehmens, studiert und wurde 1980 dessen 24. Mitarbeiter und erster Manager. Als aus Microsoft 1981 eine Aktiengesellschaft wurde, hielt Ballmer 8 % des Kapitals. Er leitete die Betriebssystem-Entwicklung und die Bereiche Absatz und Kundenservice, bevor er 1998 Präsident wurde. Im Jahr 2000 trat er die Nachfolge von Bill Gates als CEO an. Im Forbes Magazin Ranking 2008 der reichsten Menschen der Welt lag Steve Ballmer mit einem geschätzten Vermögen von mehr als $11 Milliarden Dollar auf dem 43. Platz. Interessanterweise ist Ballmer einer von zwei Milliardären, die ihren Reichtum als Angestellte und nicht als Firmengründer erwirtschaftet haben. Vielleicht gelang ihm das, weil Ballmer Microsoft von Anfang an als

„seine Firma“ betrachtet hat. Er liebt Microsoft! Und das nicht erst, seit er Milliardär und CEO des Konzerns ist.

Steve Ballmer ist, und ich hoffe, er verzeiht mir den Ausdruck, ein völlig durchgeknallter Typ. Seine Auftritte bei Messen, in Fernsehspots oder bei Präsentationen von Produktneuheiten sind legendär. Steve Ballmer ist ein Vollblutverrückter, ein Verkäufer mit Herz und Seele. Wer Details dazu sehen möchte, dem empfehle ich die YouTube Videos unter dem Stichwort „I love this company“ und „Ballmer sells Windows 1.0“.

Hingabe, Liebe, Leidenschaft, Authentizität

Wünsche und Träume sind der Motor, der die Welt in Gang hält. Es mag sein, dass das Wort Hingabe ein wenig aus der Mode gekommen ist. Das ändert jedoch nichts an seiner positiven Grundaussage. Wer etwas mit Hingabe tut, der tut es mit Liebe, Konzentration, mit Freude und Begeisterung. Er ist mit Lust bei der Arbeit und überzeugt von seinem aktuellen Handeln. Deshalb ist er auch mit Effizienz tätig und wird mit Erfolg belohnt. Was man nicht will, kann man auch nicht. Lieben Sie, was Sie tun. Genau das sorgt dafür, dass Sie immer einen Schritt mehr tun als andere. Nicht weil Sie müssen, sondern weil Sie wollen.

Damit verbunden ist eine unglaublich wichtige Fähigkeit, die den erfolgreichen vom durchschnittlichen Menschen unterscheidet – Andere zu begeistern und mitzureißen. Das schafft man nur, wenn man selbst voller Enthusiasmus und Freude ist. Diese Authentizität in der Person vermittelt potentiellen Partnern Glaubwürdigkeit und löst Vertrauen aus.

Ihre Geschäftspartner erkennen ganz genau, ob sie über die Produkte Ihres Hauses und deren Eigenschaften nur irgendeine Vorführung zu sehen bekommen, oder ob diese Produkte Sie selbst begeistern. Nur wenn Sie mit Ihrer ganzen Person vollkommen dahinter stehen, wirkt eine Präsentation glaubhaft. In Verkaufsschulungen hört man von Verkäufern häufig den Satz: „Ich kann nur das verkaufen, von dem ich überzeugt bin". Genau in diese Richtung geht der Ansatz „Hingabe und Liebe". Wir können nur dann Menschen mitreißen und für unsere Projekte oder unsere Produkte interessieren, wenn wir selbst von ihnen begeistert sind. Diese Begeisterung überträgt sich und genau dieses Mehr an Glaubwürdigkeit und Leidenschaft unterscheidet die Elite vom Durchschnitt.

Im Französischen gibt es das Wort „Amateur" – abgeleitet von dem lateinischen „amator", dem „Liebhaber". Damit wird eine Person bezeichnet, die – im Gegensatz zum Profi – eine Tätigkeit aus Liebhaberei ausübt.

Diese Leidenschaft des Amateurs, des Liebhabers brauchen Sie als erfolgreicher Unternehmer. Nur wenn wir von einem eigenen starken, zielgerichteten Verlangen beseelt und gepackt sind, entwickeln wir den notwendigen Antrieb, um unsere Ideen in Taten umzusetzen.

Prinzip 2 – Planung

„Einem Schiff das keinen Hafen kennt, steht kein Wind günstig."
Altes Sprichwort

Usain Bolt, ein 1986 geborener jamaikanischer Sprinter hatte, seit er 9 Jahre alt war, nur ein Ziel: der schnellste Mensch der Welt zu werden.

Auf seinem Weg zum Olympiasieg und fabelhaften Weltrekord mit nur 22 Jahren errang er viele Siege und stellte immer wieder Rekorde auf. So war er bereits im Alter von 15 Jahren Juniorenweltmeister über 200 Meter, 2003 Jugendweltmeister und stellte im selben Jahr den Junioren-Weltrekord ein. 2004 war er der erste und bislang einzige Junior, der die 200 Meter in unter 20 Sekunden lief, 2007 lief er Amerikanischen Rekord. 2008 erzielte er die Weltjahresbestleistung über 100 m und verbesserte den bis dahin bestehenden Weltrekord auf 9,72 Sekunden. Bei den Olympischen Sommerspielen in Peking stellte er mit 9,69 Sekunden einen neuen Weltrekord im Finale des 100-Meter-Laufs auf. Damit gewann er als erster Jamaikaner Olympia-Gold über die Sprintdistanz. Bei der Leichtathletik-WM in Berlin gewann er über 100 m die Goldmedaille und verbesserte bei diesem Lauf seinen eigenen Weltrekord auf 9,58 Sekunden. Am 24. November 2008 wurde Usain Bolt zum Leichtathleten des Jahres gekürt. Am 10. Juni 2009 erhielt Bolt den Laureus World Sports Award als Weltsportler des Jahres.

Usain Bolt hat diese großen Erfolge erreicht, weil er sein Vorhaben Schritt für Schritt plante und umsetzte.

Seit er mit 9 Jahren entdeckt wurde, trainierte er sechs Tage in der Woche bis zu sechs Stunden täglich. Sein Trainingsprogramm umfasste täglich mindestens eine Stunde Krafttraining, dazu sportartspezifisches Sprint-Training sowie Stretching und Massagen. All das nahm er auf sich, weil er ein klares Ziel hatte, das er nie aus den Augen verlor.

Die meisten Menschen fallen in eine von zwei Kategorien: Entweder sie denken voraus, planen ihre Zukunft oder sie leben einfach in den Tag hinein. Beide Lebensweisen muss man akzeptieren, jedoch sind diejenigen klar im Vorteil, die es vorziehen, sich Ziele zu setzen und Pläne zu schmieden. Sie sind erfolgreicher bei der Umsetzung ihrer Vorhaben, sowohl im Beruf als auch im Privatleben.

Der Plan ist entscheidend

Planen Sie deshalb möglichst genau, was Sie erreichen wollen. Nur wer weiß, wo er hin will, kann auch erreichen, was er sich vornimmt. Ohne eine gute Planung kann kein Weg erfolgreich sein. Wie wollen Sie beurteilen, wo Sie sind und wo Sie einmal ankommen werden, wenn Sie gar nicht wissen, wo Sie eigentlich hin wollen.

Nicht nur für sich selbst, sondern auch für alle Mitarbeiter planen

Einer der erfolgreichsten Fußballtrainer der Welt, der Portugiese José Mourinho, ist perfekt darin, seine Mitarbeiter, allesamt hochbezahlte Fußball-Diven, immer wieder dazu zu bringen, Höchstleistungen zu erreichen.

Als einem von nur drei Trainern ist es Mourinho gelungen, den höchsten europäischen Vereinswettbewerb, die Champions League mit zwei verschiedenen Clubs zu gewinnen, zum einen mit dem FC Porto und zum anderen, in der Saison 2010, mit Inter Mailand.

Bemerkenswert ist, wie Mourinho im Finale den Sieg gegen den FC Bayern München erzielt hat. Wie schon im Halbfinale gegen den FC Barcelona wandte seine Mannschaft die Taktik des Mauerns an, und das in einer vorher nie gesehenen Perfektion. Alle Spieler Mourinhos hatten dessen Plan verinnerlicht, hielten sich konsequent daran und wussten in jeder Sekunde genau, was sie zu tun hatten.

Mourinho kommentierte seinen entscheidenden Sieg so: „Die Wahrscheinlichkeit zu gewinnen ist tausendmal größer, wenn du mit elf Mann den gleichen Plan hast. Das kann der schlechteste Plan der Welt sein: Wenn du ihn aber gemeinsam durchziehst, kannst du gewinnen.“ Diese konsequente Umsetzung eines Planes war ein herausragender Moment im europäischen Fußball.

Prinzip 3 – Effizienz

„Ohne Fleiß kein Preis."
„Fleißige Hände - zeitiges Ende."
Alte Sprichworte

Effizienz ist im betriebswirtschaftlichen Zusammenhang das Verhältnis zwischen Aufwand und Ergebnis. Der studierte Betriebswirt empfiehlt an dieser Stelle oftmals das „Minimaxprinzip". Es bedeutet, mit minimalem Aufwand das maximale Ergebnis zu erzielen, aber diese Herangehensweise ist für Menschen, die sich nachhaltig mit dem Thema Erfolg beschäftigen, ein völlig falscher Ansatz. Zum Fleiß muss sich zwar Effizienz gesellen, aber ohne den Fleiß ist Effizienz schlichtweg nicht vorstellbar. Er sorgt erst dafür, dass die Arbeit effizient erledigt wird. Ich empfehle deshalb anstelle des „Minimax"- das „Maximalprinzip": Maximieren Sie Ihren Einsatz und Sie werden maximalen Ertrag erwirtschaften.

Vincent Willem van Gogh (1853 - 1890) wurde nur 37 Jahre alt und gilt als Begründer der modernen Malerei. Er hinterließ die unglaubliche Anzahl von 864 Gemälden und über 1.000 Zeichnungen, die allesamt in den letzten zehn Jahren seines Lebens entstanden sind. Er konnte zu Lebzeiten nur wenige Bilder verkaufen, heute erzielen seine Werke bei Auktionen Rekordpreise, das „Porträt des Dr. Gachet" beispielsweise 82,5 Mio. $. Van Gogh war fleißig, ja fast schon besessen. Er hat pro Jahr 100 Bilder gemalt. Er selbst hat den enormen Erfolg seiner Besessenheit leider nicht erlebt, da ging es ihm wie vielen anderen Künstlern, doch wir als

Unternehmer können sicher sein, die Früchte unseres Fleißes auch zu ernten.

„Der fleißige Mittelmäßige bringt es weiter als der Faule mit den herrlichsten Talenten", sagt ein altes Sprichwort. Das Warum liegt auf der Hand: Wenn zwei Menschen mit gleichen Vorrausetzungen im Wettbewerb stehen und der eine 40 Stunden pro Woche arbeitet, der andere hingegen 60, ist klar, wer schneller ist und mehr Erfolg haben wird.

Der Unternehmererfolg besteht nur zu einem Prozent aus der Inspiration aber zu 99 Prozent aus Transpiration – aus Blut, Schweiß und Tränen.

Beharrlichkeit

Viele erfolgreiche Menschen haben auf ihrem Weg zum Erfolg größte Misserfolge erlitten. Heißt das also, man kann nur dann erfolgreich sein, wenn man mindestens einmal gescheitert ist? Nein, das ist keine Bedingung für den Erfolg, denn die Geschichte lehrt uns, es gab auch zahlreiche Unternehmer, die es gleich mit ihrer ersten und einzigen Idee geschafft haben. Allerdings lohnt es sich, nach einem eventuellen Misserfolg beharrlich und ausdauernd an den Erfolg zu glauben und an seinem Vorhaben dran zu bleiben. Das möchte ich Ihnen mit folgender kleinen Geschichte verdeutlichen:

Zwei Mäuse auf einem Bauernhof verlieren den Halt und rutschen in ein Milchfass, das zur Hälfte gefüllt ist. Die Mäuse schwimmen in der Milch und sehen keine Möglichkeit, den oberen Rand zu erreichen und sich zu retten. Die eine Maus sagt: „Ich glaube, wir werden hier nie rauskommen. Es macht gar keinen Sinn, weiter zu strampeln und zu schwimmen. Der Rand ist viel zu hoch."

Die andere Maus antwortet: „Ich weiß zwar noch nicht, wie wir aus diesem Ding hier rauskommen sollen, aber ich glaube daran, dass wir einen Weg finden." Und so strampeln die beiden Mäuse um ihr Leben. Es vergeht eine ganze Stunde, bis die erste Maus sagt: „Ich gebe auf, ich kann und ich will nicht mehr." Sie hört auf zu strampeln und ertrinkt. Die zweite Maus schwimmt und strampelt weiter und nach einer Weile verwandelt sich die Milch langsam in Butter und wird fest und unsere Maus kann aus dem Milchfass herausspringen.

Beharrlichkeit und Ausdauer sind Charaktereigenschaften, die Erfolgreiche von Erfolglosen unterscheiden. Die gute Nachricht: Diese Eigenschaften kann jeder trainieren. Sie selbst haben damit Ihren Erfolg in der Hand.

Beharrlich sein heißt auch, an einem Projekt „dran zu bleiben", obwohl es sich als schwierig erweist und nicht gleich zum nächsten zu springen.

Arbeiten Sie nicht nur an Aufgaben, sondern arbeiten Sie Aufgaben ab, erst dann stellen sich Ergebnisse ein. Lassen Sie nicht zu, dass Sie nicht in den Genuss Ihres Erfolges kommen, nur weil Sie nicht die Ausdauer hatten, Ihr Vorhaben zu Ende zu führen.

Effizienz

Seien Sie fleißig und gleichzeitig so effizient wie möglich. Der Unterschied zwischen effizientem und effektivem Arbeiten ist von höchstem Interesse. Es genügt nicht, nur effektiv zu sein, also das Richtige zu tun, um das Ziel zu erreichen, sondern Sie müssen das Richtige auch richtig tun, das heißt möglichst effizient arbeiten.

Ein wirklich schlechtes Beispiel für Effizienz sind die europäischen Eichhörnchen. Sie verlieren im Winter zwei Drittel ihrer im Sommer gesammelten Nüsse, weil sie sich einfach nicht mehr daran erinnern können, wo sie ihre Vorräte versteckt haben. Zwar sind sie in der Regel effektiv, weil sie genügend Nüsse gesammelt haben, um nicht zu verhungern, doch mit etwas mehr Grips hätten sie dafür einen Bruchteil der Zeit benötigt.

Zeit ist aber, wie andere Ressourcen auch, ein äußerst knappes Gut. Sie dürfen sie nicht verschwenden. Deshalb ist es besonders wichtig, aus einer begrenzten Zeitspanne möglichst viel an Ergebnis herauszuholen. Nur wenn Ihnen das gelingt, werden Ihre Maßnahmen auch wirksam sein.

Arbeiten Sie effizient, dann werden Sie auch effektiv sein, denn wenn Sie sich für ein Ziel bestmöglich einsetzen, wird das auch seinen Zweck erfüllen.

Nutze das Momentum

Das Momentum ist der Zustand, in dem Sie völlig in Ihrer Arbeit aufgehen, der Schwung, mit dem Ihnen alles gelingt. Stellen Sie sich vor, Sie stehen vor einem steilen Berg und wollen mit Ihrem Fahrrad losfahren. Die erste Bewegung der Pedale erfordert unheimlich viel Kraftaufwand, weil Sie aus dem Stand, ohne Schwung, ohne Momentum starten. Sind Sie aber erst einmal in Fahrt gekommen und die Pedale haben die erste Umdrehung vollzogen, verringert sich der Aufwand für die zweite Umdrehung und Sie kommen in

Ihren Tritt. Dieser Schwung ist sehr wichtig für gutes Arbeiten.

Das Momentum ist die Zeit, in der es sich richtig lohnt, an einer Aufgabe dran zu bleiben. Egal, ob es sich um ein planerisches oder gestalterisches Thema handelt oder um den Verkauf von Dienstleistungen – egal, was es ist, wenn Sie das Momentum spüren und jetzt aufhören, die Arbeit vertagen, heißt das ganz einfach, Ihren Schwung zu vergeuden, die „Gunst der Stunde" nicht zu nutzen. Bleiben Sie dran, denn in diesem Augenblick geht Ihnen die Arbeit leicht, geradezu spielerisch von der Hand. Hürden, die sonst unüberwindlich scheinen, schrumpfen im Momentum zur Bagatelle, und die Wahrscheinlichkeit ist sehr hoch, dass Sie ganz dicht vor dem Erreichen Ihres Zieles stehen. Viele Menschen machen den Fehler, genau in diesem Moment die Arbeit beiseite zu legen. Tun Sie das nicht! Nutzen Sie das Momentum! Es ist eine kostbare Ressource.

Kapitel 3

Prinzip 1 – Hingabe: Die drei besten Methoden

Die drei Säulen der Hingabe sind:

- Erkenne, was dich motiviert
- Setze deine Stärken ein
- Work hard – play hard

Erkenne, was Dich motiviert

„Wer keinen Sinn im Leben sieht, ist nicht nur unglücklich, sondern kaum lebensfähig."
Albert Einstein

Als ich vor sechs Jahren meine erste Aktiengesellschaft verkaufte, die ich bereits als Student mit Geschäftspartnern gegründet hatte, fragte ich mich, in welchen Bereichen ich mich zukünftig unternehmerisch engagieren wollte. Nach einer Marktanalyse und der Beurteilung meines damaligen Geschäftsfeldes – der Personalvermittlung von Hochschulabsolventen und Akademikern – entschloss ich mich, das Handlungsfeld zu wechseln. Ich entdeckte den Fitness- und Gesundheitsmarkt als absoluten Wachstumsmarkt für mich. Dieser Bereich hatte außerdem weitere, für mich besonders wichtige Vorzüge: Ich musste nur noch selten Anzug und Krawatte tragen und konnte mit meinen Kunden zu 99 % per Du und in einer angenehmen freizeitorientierten Atmosphäre Geschäfte machen. Ich entschied mich bewusst für diesen Markt, weil er mir sehr viele Vorteile bot. Wie sieht es bei Ihnen aus? Nach welchen Kriterien treffen Sie Ihre Wahl?

Die meisten von uns haben immer weniger Zeit, um wirklich die Dinge zu tun, die sie tun wollen. Sie werden getrieben von der Geschwindigkeit, die unsere gesamte heutige Welt beherrscht, von den Anforderungen Anderer und motiviert von äußeren Anreizen wie Belohnungssystemen, die bei der Etablierung helfen.

Es gibt jedoch Menschen, die bei ihrer Arbeit von einem starken Antrieb beseelt sind, die eine große innere Motivation besitzen. Sie können gar nicht anders, als sich für das zu entscheiden, was sie tun, und sie sind bereit, ihre ganze Kraft dafür einzusetzen.

Machen Sie sich bewusst, dass die innere Motivation viel stärker ist als jeglicher äußere Anreiz. Sie ist das immer brennende Feuer in Ihnen.

Wo liegt Ihr innerer Antrieb, wo liegt Ihr individuelles Warum? Wenn Sie Ihr persönliches Warum kennen, dann ist kein Weg zu weit und kein Berg zu hoch. Dinge werden möglich, die alle anderen für falsch oder unmöglich hielten. Wenn das Warum in Ihnen stark ist, haben Sie niemals ein Problem mit der Motivation. Das innere Brennen ist der unendlich große Antrieb erfolgreicher Menschen.

Schmerz oder Freude

Sigmund Freud sagte: „Wir streben mehr danach, Schmerz zu vermeiden als Freude zu gewinnen.“ Dieser Ansatz ist ganz besonders wichtig, um Ihr persönliches Warum zu finden.

Ist Ihr Schmerz schon groß genug oder muss er noch wachsen?

Meistens agieren Menschen erst dann, wenn ihre momentane Situation unerträglich wird oder finanzielle Gründe, wie zum Beispiel Geldmangel eine Veränderung notwendig machen. Es gibt auch bestimmte Lebensphasen, zum Beispiel die so genannte Midlifecrisis, in denen oft der Leidensdruck so groß wird, dass der Mensch sich aktiv mit seiner Zukunft und möglichen Alternativen zu seinem jetzigen Leben beschäftigt. Der Schmerz treibt zur Veränderung.

Menschen ergreifen dagegen ihre Chancen sehr viel weniger, wenn sie auf den Motivator „Freude gewinnen“ ausgerichtet sind. Zwar ergeben sich oftmals Möglichkeiten, mehr Lust, mehr Geld, mehr Erfolg zu erreichen, aber wir neigen dazu, an ihnen vorbei zu gehen. Das Risiko erscheint uns zu groß, es schreckt uns ab. Wir gehen es erst ein, wenn wir müssen.

Vorher haben wir einen unerschöpflichen Vorrat an Ausflüchten parat. Aussagen wie „Wenn ich erst Direktor bin, werde ich ...“, „Dazu ist doch später noch Zeit“, oder „Sobald ich geschieden bin, werde ich ...“ dienen als Vorwand, um nicht zu handeln.

Erfolg ist am wahrscheinlichsten, wenn er zur wirklichen Notwendigkeit wird. Besonders deutlich wird das in der Biografie Nelson Mandelas. In „Der lange Weg zur Freiheit“ erzählt er, wie die ständige Anhäufung unzählbarer Kränkungen das Verlangen in ihm erzeugte, das System zu bekämpfen, das dafür verantwortlich war. „Da war kein bestimmter Tag, an dem ich mir sagte, von nun an will ich mich der Befreiung meines Volkes widmen, sondern stattdessen tat ich es einfach, weil ich nicht anders konnte“, schreibt er.

Der Schlüssel zum Erfolg Nelson Mandelas als politischem Führer war die unerschöpfliche innere Kraft, mit der er an seine Sache glaubte. Sie machte ihn so stark, dass er sogar seine Gefängniswärter von seinen Idealen überzeugen konnte.

Not macht erfolgreich. Es gibt nur weniges, das man mit wirklicher Entschlossenheit, innerer Überzeugung und Anstrengung nicht erreichen kann.

Anerkennung

Jeder Mensch ist auf der Suche nach Anerkennung und Akzeptanz. Das ist ein Grundbedürfnis. Wir sind geradezu abhängig davon, von unserer Umwelt positiv beachtet zu werden, um psychisch gesund und leistungsfähig zu sein und ein natürliches Selbstwertgefühl zu entwickeln. Das Streben danach zieht sich wie ein roter Faden durch unser Leben und beginnt schon damit, wenn wir als Kleinkinder schreien, weinen oder lachen, um Aufmerksamkeit und Zuwendung zu erhalten. Als Erwachsene haben wir andere Methoden – wir bemühen uns um Anerkennung durch Leistung. Dieses Streben wird zu einer der Hauptantriebsfedern für wirtschaftlichen Erfolg.

Anerkennung setzt Energien frei. Nehmen Sie Lob an, und versuchen Sie nicht, es vor sich selbst herunterzuspielen und als kaum erwähnenswerte Kleinigkeit abzutun.

Was für Sie selber gilt, das gilt auch für Ihre Mitarbeiter. Wenn Sie Lob und Anerkennung ehrlich und authentisch vermitteln können, haben Sie den Königsweg gefunden, um andere Menschen zu begeistern.

Der US-amerikanische Industrielle und Stahlmagnat Charles M. Schwab hat sich dazu einmal sinngemäß so geäußert: „Ich bin bis heute dem Menschen noch nicht begegnet – wie berühmt er auch sein mag – der nicht nach einem Lob besser und einsatzfreudiger gearbeitet hätte, als nach einem Tadel."

Finde dein brennendes Verlangen

„Wenn ein Mensch keinen Grund hat, etwas zu tun, so hat er einen Grund, es nicht zu tun."

Walter Scott

Nehmen Sie sich die Zeit, über folgende Fragen nachzudenken und notieren Sie Ihre Antworten.

- Was motiviert mich?
- Warum tue ich etwas?
- Was will ich damit erreichen?
- Wie will ich mich in Zukunft fühlen?
- Tue ich, was ich will, oder tue ich, was ich muss?
- Muss ich es wirklich tun?
- Kann ich nicht etwas Anderes tun, was mir viel besser gefällt?
- Will ich es tun?
- Was habe ich davon?
- Was würde ich am liebsten tun?
- Tue ich genau das, was ich will?
- Wie soll mein Tag aussehen?
- Was will ich eigentlich erreichen?
- Was soll auf meinem Grabstein stehen?
- Was will ich hinterlassen?
- Wie sollen die Menschen über mich sprechen, wenn ich einmal tot bin?
- Welche Spuren hinterlässt mein Leben (dauerhaft)?
- Was macht mich glücklich?
- Was erwarte ich vom Leben?

Nur wenn Sie wissen, warum Sie etwas tun, werden Sie mehr und härter arbeiten, als es notwendig ist. Das führt zum Erfolg. Sie werden nicht aufhören, an der Lösung einer Aufgabe zu arbeiten, wenn Sie wissen,

WARUM Sie die Aufgabe unbedingt bewältigen wollen. Wenn das Warum groß genug ist, haben Sie keine Probleme mit Ihrer Selbstdisziplin.

Dazu eine kleine Geschichte über meine Tochter Natascha, die in der ersten Klasse Schwierigkeiten mit ihren Hausaufgaben hatte. Sie kam zu mir und sagte: „Papa, ich kann das nicht." Ich erklärte ihr: „Wenn man etwas nicht will, dann kann man es auch nicht."

Ein paar Tage später zeigte sie mir die erledigten Hausaufgaben und sagte wie selbstverständlich: „Ich glaube, jetzt hab ich's verstanden, wenn ich etwas nicht kann, dann will ich es nur nicht genug, oder?"

Setze Deine Stärken ein

„Nie ist das menschliche Gemüt heiterer gestimmt, als wenn es die richtige Arbeit gefunden hat."
Wilhelm von Humboldt

Konzentrieren Sie sich auf Ihre Stärken, nicht auf Ihre Schwächen.

Es kommt darauf an, sich in den Bereichen zum Experten zu entwickeln, in denen man seine Stärken hat. Begnügen Sie sich nicht damit, einfach nur gut oder nur ein bisschen besser zu sein als andere. Finden Sie heraus, worin Ihre absoluten Spitzenqualitäten liegen, wo Sie Ihre Topfähigkeiten haben und setzen Sie diese zielgerichtet ein.

Dort wo Ihre Schwächen liegen, müssen sie zwar auch nachbessern, auch dort müssen Sie ein gewisses Mindestmaß an Fähigkeiten entwickeln, damit Menschen, die Sie dafür bezahlen, Ihre Schwächen auszugleichen, Sie nicht über den Tisch ziehen. Aber Sie werden nie so viel Engagement, Leidenschaft und Begeisterung in das Ausmerzen Ihrer Schwächen stecken, wie Sie dafür verwenden, um Ihre Stärken auszubauen. Der Eigenantrieb dafür bleibt oft aus; diese Aufgaben werden ständig aufgeschoben, es fehlt die Motivation.

Es ist nicht nur leichter sondern auch erfolgversprechender, an den eigenen Stärken zu arbeiten. Wenn Sie Ihre Stärken entwickeln, können Sie sie effektiv einsetzen und werden viel schnellere und größere Erfolge erzielen, als wenn Sie sich darauf konzentrieren, Ihre Schwächen auszumerzen.

Um das zu verdeutlichen, hilft ein Beispiel aus dem Bereich des Sports. Stellen Sie sich vor, Sie hätten den Körper eines 1,60 Meter großen, breit gebauten jungen Mannes. Da ein kleiner Körper schnelle Rotationen erlaubt und Sie außerdem über eine kräftige Muskulatur verfügten, hätten Sie wahrscheinlich das Zeug zu einem guten Turner. Sie täten sich aber schwer, als Langstreckenläufer Erfolg zu haben.

In diesem Bereich müssten Sie unendlich viel mehr Einsatz zeigen, um das gleiche Niveau zu erreichen wie jemand, der lange Beine und einen schlanken sehnigen Körper besitzt. In der Regel werden Sie hinter ihm her hecheln.

Das soll nicht heißen, es wäre ausgeschlossen, dass Sie ein Laufwunder werden. In diesem Ratgeber beschäftigen wir uns aber damit, wie Sie Erfolg so schnell wie möglich erreichen, und dafür ist es besser, sich auf seine Stärken zu konzentrieren und nicht verzweifelt zu versuchen, seine Schwächen zu minimieren bzw. durch erhöhten Einsatz auszugleichen.

Stärken- und Schwächenanalyse

Wie finden Sie heraus, wo Ihre Stärken liegen? Analysieren Sie sich selbst und überlegen Sie, welche Projekte Sie in Ihrem bisherigen Leben erfolgreich umgesetzt haben. Fragen Sie sich als nächstes, welche Eigenschaften Sie in diesen Projekten einsetzen konnten, um erfolgreich zu sein.

Leider ist es in unserer Gesellschaft so, dass wir oft auf unsere Schwächen fixiert sind. Stellen Sie sich vor, Sie beurteilen das Zeugnis Ihrer Tochter oder Ihres Sohnes. Überall Einsen, nur eine Zwei. Was für ein

Jammer! Wie oft hört das Kind jetzt: „Du bist zwar gut, aber in Geschichte, da hast Du ja nur eine Zwei." Diese Konzentration auf die Schwächen führt dazu, dass wir unsere Stärken vergessen. Die Fokussierung auf ihre Stärken unterscheidet die Fähigsten, die Spitzenkönner, von den Schwächeren.

Wenn es Ihnen gelingt, Ihre Stärken mit den anfallenden Aufgaben in Übereinstimmung zu bringen, Sie also in Ihrem täglichen Arbeitsablauf hauptsächlich Ihre Stärken nutzen können, werden Sie viel erfolgreicher sein, als jemand, der sich im Arbeitsalltag hauptsächlich mit der Reduktion seiner Schwächen beschäftigt.

Und noch etwas gilt es zu beachten: Menschen, die hauptsächlich ihren Stärken entsprechend arbeiten, laufen nie Gefahr, in ein Motivationsloch zu fallen. Man muss niemanden motivieren, der dort eingesetzt wird, wo er gut ist und wo er seine Stärken hat. Seine Ergebnisse werden in der Regel überdurchschnittlich gut sein.

Wie erkenne ich meine Stärken?

Eine große Problematik liegt darin, dass oft gefragt wird: „Was würdest du gerne tun?" und nicht „Was kannst du gut?". Zwar ist die Wahrscheinlichkeit hoch, etwas schlecht zu tun, wenn man es ohne inneren Antrieb tut. Umgekehrt heißt es aber noch lange nicht, dass man etwas gut macht, nur weil man es gerne macht.

Besser wäre die Frage „Was fällt dir leicht?", denn es gibt einen sehr starken Zusammenhang zwischen „leicht fallen" und „gut tun".

Fragen, um Ihre Stärken zu analysieren

- Was mache ich gerne?
- Was fällt mir leicht?
- Was schiebe ich ständig vor mir her?
- Was verursacht mir Schwierigkeiten?

Finden Sie heraus, worin Ihre Berufung besteht und folgen Sie ihr. Entscheiden Sie sich nicht für einen Beruf, nur weil Ihnen Ihre Eltern dazu raten oder weil Sie ihn toll finden, ohne die entsprechenden Fähigkeiten für ihn zu besitzen.

Für eine erfolgreiche Tätigkeit ist es wichtig, dass das Warum, der innere Antrieb zu den eigenen Stärken passt.

Work hard – play hard

„Wer zu viel arbeitet, hat keine Zeit Geld zu verdienen."
Sprichwort

Für die meisten Menschen, die erfolgreich sein wollen, ist es selbstverständlich, der Arbeit die höchste Priorität einzuräumen. Ich möchte Ihnen darlegen, warum es sich lohnt, sich für den 1000-prozentigen Einsatz zu entscheiden. Erfolgreiche Menschen tun das, was sie tun, in jedem Moment mit ganzer Kraft. Viele wissenschaftliche Untersuchungen zeigen, dass wir als Menschen zwar multitaskingfähig sind, d.h. verschiedene Dinge gleichzeitig erledigen können, aber dass die Effizienz dabei leidet. Wenn wir uns nicht zu 100 % auf eine Sache konzentrieren, dann werden wir in diesem Moment auch nicht hundertprozentig erfolgreich sein. Setzen Sie deshalb Ihre Energie zu 100 % für Ihre Arbeit ein.

Gleichzeitig gilt: Wenn es uns nicht gelingt weniger zu arbeiten, werden wir auch niemals mehr leisten!

Ist das nicht ein Widerspruch? Nein. Viele glauben, eine „Allzeit bereit"-Einstellung sei das einzige Mittel, das sie zum Erfolg führt. Neuere Ergebnisse von Umfragen belegen aber, dass der bewusste Einsatz von Auszeiten, das Planen von weniger Arbeitszeit effektiver ist. Die Befragten erklärten, dass sie bei einem verbesserten Umgang mit ihren Arbeits- und Freizeiten einen höheren Wert für ihre Kunden erwirtschaften, die Zufriedenheit mit der Arbeit an sich steigt und persönliche Lernprozesse und Entwicklungsmöglichkeiten besser wahrgenommen werden können.

Meine Empfehlung für Sie ist deshalb, sich zu 1000 % auf Ihre Arbeit und zu 1000 % auf Ihre Freizeit zu konzentrieren. Achten Sie auf Ihre „work-life balance". Sie selbst sind verantwortlich für Ihre Gesundheit und Ausgeglichenheit und damit auch für Ihre Leistungsfähigkeit.

Work hard

Den höchsten Ertrag für Ihren Einsatz erhalten Sie bei einer vollständigen Konzentration auf Inhalt und Ziel Ihrer Arbeit. Planen Sie Ihren Tagesablauf deshalb so, dass Sie die intensiven Arbeitszeiten möglichst gemäß Ihrem eigenen persönlichen Biorhythmus in die Stunden des Tages verlegen, in denen Sie hoch konzentriert und energiegeladen sind. Manchen Menschen hilft es, morgens zwei Stunden früher aufzustehen und die wichtigsten Arbeiten in dieser Zeit zu erledigen. Dann können sie den Rest des Tages über mit dem guten Gefühl des Erfolges im Rücken auch die anderen routinemäßigen Arbeiten leichter durchführen. Wenn es Ihnen gelingt, an jedem Ihrer Arbeitstage nur eine Stunde früher anzufangen und diese 60 Minuten bewusst für wichtige Dinge zu nutzen, haben Sie im Jahr ca. 250 Stunden gewonnen, die Sie hocheffizient und effektiv einsetzen können.

Übrigens, ein Großteil dieses Buches ist genau so entstanden.

Nachdem ich mich mehr als ein Jahr lang mit den konzeptionellen und strukturellen Vorgaben für das Buch auseinandergesetzt hatte, war mir klar, dass eine umfangreiche Literaturrecherche notwendig sein würde, um reale Erfolgsgeschichten in das Manuskript zu integrieren. In meinem normalerweise straffen Tagesablauf fand ich jedoch nicht immer Zeit dafür. Oftmals fühlte ich mich am Nachmittag eines anstrengenden Arbeitstages, zum Beispiel im Außendienst, nicht mehr in der Lage, die von mir eigentlich geplanten 60 Minuten Recherche durchzuführen. Ich entschloss mich, jeden Morgen eine Stunde früher aufzustehen und in den gewonnenen 60 Minuten für mein Buch tätig zu sein. Innerhalb von drei Monaten konnte ich einen Großteil der notwendigen Recherche erledigen. Ganz besonders spannend war, dass ich oftmals die 60 Minuten bis auf 90 Minuten ausdehnte, denn ich war im „flow“, ich hatte das richtige Momentum für diese spezielle Arbeit.

Auf das Erfolgskonto einzahlen

Richten Sie sich Ihr persönliches Erfolgskonto ein. Es kann in den beiden Währungen Geld oder Freizeit angelegt werden. Immer, wenn Sie Ihre Ziele wie oben beschrieben erreicht haben, zahlen Sie auf Ihr Erfolgskonto ein. Wichtig ist: Das Erfolgskonto ist ein reines Guthabenkonto. Sie haben dort keinerlei Dispositionskredit, das Konto kann also niemals ins Negative rutschen. Außerdem ist die Verzinsung Ihres Erfolgskontos gleich null. Es macht deshalb keinen Sinn, große Bestände an „Guthaben“, egal, ob in Freizeit oder Geld, stehen zu lassen.

Play hard

„Für mich sind Geburtstage und Weihnachten keine magischen Daten. Ich feiere immer dann, wenn ich Lust dazu habe."

Nicolas Hayek

Damit Sie sich auch mitten in Ihren Arbeitsabläufen eine Auszeit nehmen können und nicht nur dann, wenn es die Arbeitssituation gerade vorgibt, ist es wichtig, sich dafür ein System auszudenken. Honorieren Sie Ihre Erfolge, das Erreichen von Zwischenzielen und Meilensteinen mit Auszeiten nach einem festgelegten Rhythmus, beispielsweise pro Woche einen halben Tag oder einen Abend, oder pro Tag eine Stunde. Wenn „play" auf dem Zeitplan steht, dann heißt das auch play. Wichtig dabei ist, ehrlich zu sich selbst zu sein, und seine erreichten Ziele objektiv zu beurteilen, sonst gibt es zu viele Play-Zeiten.

Das Erfolgskonto plündern

Nutzen Sie alle Einzahlungen auf Ihrem Erfolgskonto und belohnen Sie sich, zum Beispiel mit Statussymbolen, die Ihnen täglich vor Augen führen, was Sie bisher schon erreicht haben. Das kann eine Uhr, ein Schmuckstück, ein Fahrzeug oder ein Haus sein.

Sie können sich aber auch mit Freizeitvergnügungen belohnen, einem Ausflug mit Frau und Kind, einem Golfspiel mit guten Freunden, einem Luxusurlaub, einem interessanten Hobby oder Ähnlichem.

Besonders gute Player kombinieren Geld und Freizeit, und nutzen das Guthaben des Erfolgskontos für eine interessante Weiterbildung, den Besuch einer

Kunstausstellung, einen Abend im Theater, einen kulturellen Städtetrip oder das neueste Buch. Schon Benjamin Franklin im 18. Jahrhundert sagte: „Eine Investition in Wissen bringt immer noch die besten Zinsen."

Planen Sie Play-Zeiten bewusst für sich ein und halten Sie diese Zeiten diszipliniert für sich frei. In der Play-Phase sollten Sie

- mit Freude genießen
- immer zu 100 % dabei sein – oder es lieber lassen
- keine faulen Kompromisse eingehen
- ehrlich und glaubwürdig sein

Vergessen Sie niemals, sich für Ihre Erfolge zu belohnen. Oftmals hetzen wir von Projekt zu Projekt, von Aufgabe zu Aufgabe, ohne Atempause und ohne unserem Körper und unserem Geist zu signalisieren, dass sie bis zu diesem Zeitpunkt einen sehr guten Job gemacht haben.

Wir vergessen die eigene Anerkennung für unsere Leistung. Auch im Nachhinein erinnern wir uns gewöhnlich mehr an Misserfolge als an Erfolge. Das schwächt uns. Feiern Sie deshalb Ihre Erfolge. Sie verdienen es.

Kapitel 4

Prinzip 2 – Planung: Die drei besten Methoden

Die drei Säulen der Planung sind:

- Visionen erschaffen
- Genau zielen
- Groß denken

Visionen erschaffen

„Visionen sind Strategien des Handelns. Das unterscheidet sie von Utopien. Zu einer Vision gehören Mut, Kraft und die Bereitschaft, sie zu verwirklichen."
Roman Herzog

Ein Ziel ist keine Vision, sondern ein Ziel und eine Vision ist kein Ziel, sondern eine Vision. Mit dem Begriff „Vision" beschreiben wir eine möglichst wirklichkeitsnahe Vorstellung von einer angestrebten, erwünschten Zukunft. Die Vision ist somit ein Abbild der Zukunft, die wir imaginieren, einer Zukunft, die wir uns wünschen und ausmalen, die unsere Begeisterung weckt und für die wir uns leidenschaftlich einsetzen.

Ich möchte Ihnen eine Geschichte aus dem frühen Mittelalter erzählen, um zu verdeutlichen, was ich meine:

Ein Reisender aus einem fremden Land besuchte die Domstadt Köln und sah einen Steinmetz bei der Arbeit. Er fragte ihn: „Was machst du da?" Der Steinmetz brummte: „Ich haue Steine."

Der Reisende ging weiter und traf wenig später noch einen Steinmetz, der ebenfalls Steine zurecht schlug. Er fragte wieder: „Was machst du da?" Der zweite Steinmetz antwortete: „Ich bearbeite die Steine, um einen Dom zu bauen."

Nach ein paar Schritten traf unser Besucher einen dritten Steinmetz. Auf die Frage, was er denn tue, antwortete der: „Ich baue das neue Haus für unseren lieben Herrgott."

Welcher Steinmetz hatte eine Vision, welcher ein Ziel, und welcher keins von beiden? Dreimal dürfen Sie raten.

Visionen lassen vor unserem geistigen Auge klare, positive, freundliche und helle Bilder der Zukunft entstehen, die schlussendlich einen Sog auslösen, der uns unwiderstehlich mitreißt. Mit einer Vision können wir auch unsere Mitarbeiter durch unsere Begeisterung anstecken. Sie ermöglicht es uns, eine Erklärung dafür zu finden, warum wir das tun, was wir tun.

Nahezu alle erfolgreichen Unternehmer sind hervorragende Visionäre. Ihnen gelingt es, anhand weniger Fakten Aussagen über die Zukunft zu treffen, und so Mitarbeiter zu motivieren, Investoren zu gewinnen oder Märkte zu erobern.

Das Geheimnis, wie aus einfachen Wünschen die zukünftige Realität gestaltet werden kann, besteht darin, die Visionen aufzuschreiben. Tun Sie das deshalb so detailliert wie möglich. Genau das nährt Ihr Vorstellungsvermögen. Auf die Art können Sie sich regelrecht zum Erfolg denken. Überschreiten Sie Grenzen, legen Sie jegliche Vernunft beiseite, schöpfen Sie aus dem Vollen Ihrer Fantasie, gestalten Sie Ihre Vision so ausführlich wie möglich.

Erfolgreiche Menschen schütteln vorhandene oder eingebildete Begrenzungen ab und legen sich neue Denkeinstellungen zu. Das Ausmaß Ihres Erfolgs wird vom Ausmaß Ihres Glaubens bestimmt.

Wie Sie zum Visionär werden

Wenn Sie die bisherigen Kapitel des „3 x 3 des Erfolges" schon durchgearbeitet haben, wird Ihnen die Entwicklung eigener Visionen leichter fallen. Sie haben bereits erfahren, wie wichtig Hingabe, Begeisterung und Leidenschaft für Erfolg sind. Sie haben Methoden kennengelernt, diese Eigenschaften bei sich selbst zu wecken und zu stärken. Auch für Ihre Visionen sind diese Fähigkeiten unerlässlich.

Mit Hilfe der folgenden Punkte können Sie daran anknüpfen, um sich Ihre Visionen zu erarbeiten.

- Fragen Sie Ihre Freunde, was diese besonders an Ihnen schätzen. Um welche Talente werden Sie beneidet? Welche Ihrer Eigenschaften erlebt Ihr Umfeld als wertvoll und bereichernd?
- Welche Menschen sind Ihre Vorbilder und warum? Was bewundern Sie an Ihnen? Welche Fähigkeiten hätten Sie auch gerne, welches Verhalten macht diese Menschen so anziehend? Wo können Sie Gemeinsamkeiten mit sich selbst, Ihren Werten und Überzeugungen finden? Mit wem würden Sie gerne tauschen und warum?
- Schreiben Sie Ihre Grabrede. Tun Sie so, als hätten Sie zum Zeitpunkt Ihres Todes alles erreicht, wovon Sie jemals geträumt haben. Was erwähnen Sie, was würden Sie gerne hören?

Visualisieren

Eine wichtige Methode, Ihre visionären Fähigkeiten zu stärken, besteht darin, Ihre rechte Gehirnhälfte zu trainieren. Nach Erkenntnissen von Gehirnforschern sind hier kreatives und ganzheitliches Denken zuhause. Der Prozess der Visualisierung findet ebenfalls in der rechten Gehirnhälfte statt.

„Visualisieren“ ist im Mentaltraining der Fachausdruck für „sich etwas vorstellen, sich ein Bild machen von einem (bevorstehenden) Ereignis“. Das Gehirn kennt keinen Unterschied zwischen Realität und Fiktion, und genau das können wir uns im Training zu Nutze machen.

Diese Technik ist im Spitzensport inzwischen eine Selbstverständlichkeit. Sicherlich haben auch Sie im TV schon gesehen, wie Bob-Piloten vor der Fahrt im Eiskanal die einzelnen Kurven und damit die entscheidenden Momente der ganzen Fahrt mit geschlossenen Augen durchleben. Manchmal werden die Arme dazu ausgestreckt oder der Körper zur Seite geneigt. Oft treiben Spitzenathleten die Technik des Visualisierens auf die Spitze, indem sie sich sogar das Gefühl vorstellen, das sie haben, wenn sie auf dem Siegerpodest stehen.

Die positiven Wirkungen der Technik des Visualisierens für das Erreichen von Zielen und die Steigerung des persönlichen Erfolges sind unbestritten.

Besonders in den Minuten vor dem Einschlafen, wenn der Körper schon zur Ruhe gekommen ist, funktioniert bei mir das Visualisieren besonders gut. Genau dann setze ich diese Technik ein. Versuchen Sie es auch, es wird Ihre beruflichen Erfolgschancen erhöhen!

- Wenn Sie nicht schon im Bett sind, dann suchen Sie sich einen Ort, an dem Sie ungestört sind.
- Entspannen Sie sich und legen Sie sich bequem hin.
- Stellen Sie sich vor, wie der ganze Körper sich entspannt. Alle Muskeln, Bänder, Gelenke usw. werden locker und entspannt.
- Denken Sie an Ihre Vision.
- Stellen Sie sich dabei vor, wie Sie sich fühlen werden, wenn Sie Ihre Vision verwirklicht haben.

- Benutzen Sie zur Vorstellung alle Sinneskanäle und beschreiben Sie den Zustand in klaren Worten langsam und in Ruhe für sich selbst.
- Denken Sie maximal 5 min darüber nach.
- Führen Sie diese Übung regelmäßig vor dem Einschlafen durch. Es wird Ihnen gelingen, sich Situationen, Bilder, Töne, Gefühle, Geschmäcker und Gerüche immer besser vorzustellen.

Denken Sie an den Tag, an dem Sie Ihr Ziel erreicht haben. Genießen Sie diesen Augenblick auch mit allen Sinnen? Wie sieht er aus? Wie fühlt er sich an? Wie riecht er? Wie klingt er? Je intensiver, je öfter Sie dieses Gefühl „inhalieren", desto stärker wirkt es. Und wenn Sie es schaffen, dass die Vorstellung, Ihr Ziel zu erreichen, Gänsehaut bei Ihnen erzeugt, sind Sie auf dem richtigen Weg.

Erfolgsvisualisierung ist wichtig. Alles was Realität werden soll, muss in Bildern ausgedrückt werden. Die Kunst besteht darin, positive Vorstellungen in die Zukunft hinein zu projizieren. Dabei sollten Sie sich nicht auf Bilder im wörtlichen Sinn beschränken, sondern über das Visuelle hinausgehen und auch angenehme Gedanken und Gefühle mit der Vision verknüpfen.

Exkurs: Das Gehirn

Das menschliche Gehirn ist das Spitzenmodell der Evolution. Im Laufe von 600 Millionen Jahren hat sich aus dem Hirnstamm ein komplexes Netzwerk von geschätzt 100 Milliarden Nervenzellen entwickelt. Die wichtigsten Teile des Gehirns sind das Großhirn mit Stirnlappen, Scheitellappen, Schläfenlappen und Hinterhauptlappen, der Hirnstamm und das Kleinhirn.

Während der Hirnstamm für die körperlichen Grundfunktionen wie Atmung und Koordination von Bewegungen zuständig ist, sitzen im vorderen Stirnlappen die ausführenden Bereiche für Fähigkeiten wie Denken, Planen, Abschätzen, Sprechen, Riechen, Fühlen und Sprachen verstehen.

Grundsätzlich funktioniert unser Gehirn über chemische und elektrische Signale. Die Nervenzellen tauschen untereinander Informationen aus und können sich gegenseitig aktivieren. Das geschieht mittels schwacher Ströme, die durch Verbindungsleitungen zwischen den Zellen fließen und an den Synapsen chemische Signale auslösen. Jeder Impuls beeinflusst das Wahrnehmen und Lernen. Wiederholtes Auslösen stärkt Verbindungen und schafft neue. Nicht genutzte Verbindungen werden sukzessive abgebaut. Das bedeutet, Sie selbst sind verantwortlich für den Zustand Ihres Gehirns:

- Pflegen Sie Ihr Gehirn: durch gesunde Ernährung, insbesondere vor größeren Hirnleistungen sollten Sie Ihr Gehirn mit ausreichend Zucker als Betriebsstoff versorgen.
- Schlafen Sie ausreichend, denn das Gehirn braucht lange, große Pausen, um das Gedächtnis zu stärken.
- Bewegung hat einen positiven Einfluss auf Ihre Gehirnleistung. Was Muskeln stärkt und die körperliche Ausdauer steigert, kommt auch dem Kopf zugute. Regelmäßiger Sport ist der Wachstumsbeschleuniger für das Gehirn.
- Üben Sie regelmäßig, denn nur Verbindungen, die oft stimuliert werden, bleiben im Gehirn erhalten oder werden sogar verstärkt.

Genau zielen

„Der Ziellose erleidet sein Schicksal - der Zielbewusste gestaltet es."
Immanuel Kant

Nach einer Studie arbeiten nur 4-5 % aller Menschen mit selbst aufgestellten konkreten Zielen. Spannend ist dieses Ergebnis, wenn man bedenkt, dass 90 % derjenigen, die sich Ziele vornehmen, diese auch erreichen. Mit dem Setzen individueller Ziele steigt die Wahrscheinlichkeit, erfolgreich zu sein und sein Projektziel zu realisieren.

Warum tun sich dann Menschen immer wieder schwer, sich Ziele vorzugeben? Die Antwort lautet: Es fehlt oft an einer vernünftigen Methode zur Zielsetzung und der Zeitaufwand dafür wird nicht genügend berücksichtigt. In diesem Kapitel lernen Sie eine Methode kennen, die SMARTe Zielsetzung, mit der Sie lohnende Ziele definieren, die Sie weiter bringen. Dadurch sparen Sie viel von Ihrer Energie ein, die Sie so in anderen Bereichen produktiver einsetzen können.

Ziele schriftlich fixieren

Nachweislich bessere Ergebnisse erreichen Menschen, die ihre Ziele schriftlich fixieren. Das verleiht das Gefühl, die Zukunft zu kontrollieren – nicht zu Unrecht!

Formulieren Sie Ihre Ziele immer in der Gegenwartsform, dem Präsens, das heißt so, als hätten Sie diese Ziele schon erreicht. (Am 30. Juni diesen Jahres habe ich meine neue Firma gegründet.)

Ziele konkretisieren
Wenn Sie beispielsweise mit dem Auto von Stuttgart nach München reisen wollen, dann können Sie das auf verschiedene Weise tun. Wollen Sie Ihr Ziel in möglichst kurzer Zeit erreichen oder besonders kraftstoffsparend fahren? Oder ist es für Sie wichtig, unterwegs die besonders schöne Natur der Schwäbischen Alb zu genießen? Sie müssen Ihr Ziel konkretisieren, damit Sie die Route planen können. Die klare Definition Ihrer Ziele fördert Ihre Konzentration auf das Wesentliche.

Die SMARTe Zielsetzung
Sie ist eine der besten Methoden, Ihre Ziele zu definieren. Smart bedeutet „gewitzt" oder „schlau", und die Buchstaben dieses Wortes stehen hier für:

S **Spezifisch**
Ziele müssen eindeutig definiert sein

M **Messbar, Motivierend**
Ziele müssen messbar sein und motivieren

A **Angemessen**
Ziele müssen in einer vernünftigen Relation zum Aufwand stehen

R **Realistisch**
Ziele müssen erreichbar sein. (Näheres dazu im nächsten Kapitel)

T **Terminiert**
Jedes Ziel muss terminlich fixiert sein.

Wenn Sie sich an die Methode der SMARTen Zielsetzung halten, werden Sie schnell über ein Zielsystem verfügen, an dem Sie sich orientieren können. Ihr Ziel ist aber nur dann „smart", wenn alle Buchstaben des Wortes berücksichtigt wurden. Deshalb möchte ich Ihnen die Buchstaben ausführlicher erläutern:

S = spezifisch

Angenommen, Sie definieren als spezifisches Ziel, wie viel Gewinn Ihr Unternehmen im kommenden Jahr erzielen soll. Doch was für ein „Gewinn" ist gemeint? Ihr Gewinn nach Abzug der Steuern, nach Bedienung eines Kredites, vor Rücklagen oder Tantiemen? Haben Sie vielleicht den Warengewinn gemeint? Sie sehen, Ihr Ziel ist noch nicht spezifisch genug.

M = motivierend

Die Motivation beantwortet die Frage, was Sie mit dem erreichten Ergebnis tun wollen. Welchen konkreten Nutzen haben Sie, wenn Sie Ihr Ziel erreicht haben? Je größer der zu erwartende Nutzen ist, desto höher ist die Motivation.

A = anspruchsvoll

Sie selbst müssen entscheiden, wie anspruchsvoll Sie ihr Ziel definieren. Über den Anspruch eines Zieles werden Sie im nächsten Kapitel „Groß denken" noch einiges erfahren. Schon jetzt möchte ich aber klarstellen, dass ein Ziel, von dem Sie wissen dass Sie es mit 80 %-iger Wahrscheinlichkeit erreichen werden, einen relativ geringen Anspruch hat. Fragen Sie sich: Ist mein Ziel anspruchsvoll genug, damit ich meine Komfortzone verlasse, und mich auf ein neues, herausforderndes Terrain begebe?

R = realistisch
Bei allem Anspruch muss das Ziel auch realistisch sein. Ein zu anspruchsvolles Ziel, dass Sie mit Sicherheit nicht erreichen werden, ist nicht realistisch. Versuchen Sie, Ziele zu formulieren, die Ihnen eine große, sogar äußerste Anstrengung abverlangen, die aber nicht unrealistisch sind.

T = terminiert
Sie müssen festlegen, wann Sie ihr Ziel erreichen wollen, damit Sie einen direkten zeitlichen Bezug haben. Das kann ein Tag, eine Woche, ein Jahr oder auch – bei Lebenszielen – ein ganzes Leben sein.

Ziele kontrollieren
Für die meisten Menschen ist es eine der unangenehmsten Aufgaben, sich selbst zu überprüfen und zu kontrollieren, ob die gesteckten Ziele erreicht worden sind. Ihnen ist nicht wohl bei dem Gedanken, vielleicht feststellen zu müssen, dass sie es nicht geschafft haben. Die konkrete Zielsetzung hat jedoch nichts damit zu tun, dieses Ziel auch unbedingt erreichen zu müssen. Niemand verpflichtet Sie dazu und es ist Ihre ganz persönliche Entscheidung, ob Sie Ihr Ziel erreichen wollen. Sie können Ihr Ziel jederzeit verändern. Aber allein die Fokussierung auf ein Ziel bewirkt, Energien freizusetzen und einen Weg konsequent zu verfolgen.

Um Ihre Ziele im Auge zu behalten benötigen Sie Hilfsmittel. Manch einer schreibt sich seine Ziele auf Notizzettel und klebt sie auf den Badezimmerspiegel oder den Computerbildschirm. Andere notieren die Ziele in ihrem Kalender. Ihrer Fantasie sind hier keine Grenzen gesetzt. Es empfiehlt sich aber, Ziele systematisch nach ihrer Kurz-, Mittel- und Langfristigkeit zu ordnen und zu kontrollieren.

Mir persönlich hilft es sehr, meine Ziele in folgende Rubriken einzuteilen:

- täglich
- wöchentlich
- monatlich
- halbjährlich
- jährlich

Mein Arbeitsablauf zur Kontrolle meiner Ziele ist immer gleich. Zu Beginn eines Arbeitstages erstelle ich mir eine Auflistung der Ziele für diesen Tag und hake die erledigten Aufgaben während des Arbeitstages konsequent ab. Am Ende des Tages kontrolliere ich meine Aufgabenliste und übertrage die noch offenen Punkte in die Liste für den nächsten Tag. Genauso verfahre ich zu Beginn einer Arbeitswoche und an deren Ende, sowie bei meinen Monats-, Halbjahres- und Jahreszielen.

Möglicherweise denken Sie jetzt, dieses System sei sehr aufwändig und würde viel Zeit kosten. Der tägliche Arbeitsaufwand zur Kontrolle meiner Ziele pendelt sich bei mir bei 5 min ein, der für die wöchentliche Zielkontrolle bei ca. 15 min, der monatliche Aufwand liegt bei einer halben Stunde, der halbjährliche und jährliche Aufwand bei einer Stunde.

Ich habe die Zeit, die ich für mein Zielsystem benötige, in Relation gesetzt zu der Zeit, die ich aufwände, um meine Zähne zu putzen. Zahnpflege ist für alle wichtig, um gesund und schön zu sein und wir putzen unsere Zähne im Regelfall zweimal pro Tag 3-5 min. Das ergibt 10 min am Tag und 70 min in der Woche. Für mein Zielkontrollsystem benötige ich ungefähr auch diese Zeit. Der Aufwand steht in einer so kleinen Relation zum Ergebnis, dass ich jedem nur empfehlen kann, genauso zu verfahren. Für mich ist es das optimale System für meinen Erfolg.

Groß denken

Viele der erfolgreichsten Menschen waren nur deshalb erfolgreich, weil sie sich von Anfang an sehr viel zutrauten. Entscheidend war ihr Glaube an sich selbst.

Ein besonders gutes Beispiel für die Wirkung großer Ziele ist Michael Dell, der Gründer der Computerfirma Dell. Schon während seines Studiums antwortete er auf die Frage, was er mit seinem Leben anfangen wolle: „Ich will IBM Konkurrenz machen." 1984 gründete er sein Unternehmen und begann Computer-Zubehör zu verkaufen. Aufgrund des nachhaltigen Erfolges der Firma verließ Dell die Universität vorzeitig, um sich von nun an ganz auf das Geschäft zu konzentrieren. Drei Jahre nach dem offiziellen Start machte das Unternehmen bereits 60 Millionen Dollar Umsatz und Dell teilte sein Ziel mit, bis 1992 eine Milliarde Dollar Umsatz erreichen zu wollen. Tatsächlich schaffte er es sogar, 1992 mehr als zwei Milliarden Dollar Umsatz zu erzielen.

Nur wenn Sie sich ehrgeizige Ziele stecken, sind Sie gezwungen, über die notwendigen Strategien zu deren Verwirklichung nachzudenken.

Ziele ganz groß setzen

Als es im vorigen Kapitel um die Frage ging, wie Sie sich Ziele stecken sollten, blieb noch eine Frage offen, über die wir uns jetzt Gedanken machen wollen: Wie anspruchsvoll sollten Ziele sein? Ich bin der Überzeugung, sie sollten mehr als maximal sein, denn die Qualität Ihrer Ziele bestimmt auch den Wert Ihres Erfolges.

Wer sich immer wieder zu kleine Ziele setzt, wird diese Ziele auch erreichen. Er hat Erfolg, aber da die Ziele klein sind, ist auch der Erfolg nur klein. Ein indianisches Sprichwort sagt: „Der Jäger kehrt immer nur mit der Beute zurück, die er sich auch zutraut." Der Mensch wächst an seinen Herausforderungen. Vor diesem Hintergrund ist es besser, sich immer wieder durch das Stecken neuer, großer, sogar übergroßer Ziele vor Augen zu führen, was man alles erreichen kann, statt diese Möglichkeit durch das Setzen kleiner Ziele zu verschenken.

Wenn wir uns auf einfache Ziele konzentrieren, geht es uns nur darum, wenig zu arbeiten und rumzuhängen. Doch tatsächlich sollte es darum gehen, sich große Ziele zu stecken – zwar wenige Ziele, dafür aber umso anspruchsvollere – so dass es ins Gewicht fällt, dass es einen Unterschied macht, ob wir sie erreichen oder nicht.

Große Ziele, große Aufgaben motivieren uns dazu, unsere Grenzen zu überschreiten. Nur wenn Sie in Superlativen denken, erhöhen Sie Ihre Motivation, den Wunsch, die Herausforderung anzunehmen und Ihr Ziel zu erreichen.

Die Drei- Ziele-Strategie

Die Drei-Ziele-Strategie beschreibt ein Vorgehen, mit dem wir unterschiedliche Arten von Zielen definieren.

Die drei zu definierenden Ziele sind:

- das Minimalziel
- das realistische Ziel
- das Wunschziel

Stellen wir uns vor, wir haben eine bestimmte Aufgabe zu erledigen und wünschen uns, dieses Ziel zu erreichen. In unserer Planung gehen wir so vor, dass wir ein realistisches Ziel definieren. Wir machen uns nun auf den Weg zu unserem Ziel und stürzen uns mit Motivation in die Arbeit. Wir werden ein Ergebnis erreichen. Allerdings wird dieses Ergebnis meist nicht genau dem realistischen Ziel entsprechen, sondern leicht darunter liegen.

Wenn wir mit unserer Planung und Arbeitsweise strukturiert vorgegangen sind, werden wir zumindest das niedrigste mögliche Niveau erreichen, das so genannte Minimalziel. Das Minimalziel beschreibt das Ergebnis, das wir erreichen, wenn wir uns wirklich sehr schlecht verhalten, sehr schlecht arbeiten, und sich auch alle äußeren Rahmenbedingungen gegen uns verschwören.

Was können wir daraus schlussfolgern? Wenn wir ein realistisches Ziel festlegen, werden wir ein Ergebnis erzielen, das zwischen dem Minimalziel und dem realistischen Ziel liegt. Wie können wir jedoch ein

Ergebnis erreichen, das höher ist als das realistische Ziel, sozusagen eine Superkompensation, eine Steigerung über das Niveau des eigentlich realistischen Ergebnisses hinaus?

In der so genannten Drei-Ziele-Strategie verwendet man dazu ein utopisches, nicht realisierbares Wunschziel. Dieses Wunschziel hat einen höheren Anspruch als das realistische Ziel. Durch die Konzentration unserer Fähigkeiten auf das Erreichen des Wunschziels werden wir tendenziell eher ein Ergebnis erzielen, dass über dem realistischen Ziel liegt, also im Korridor zwischen realistischem und Wunschziel. Dieses Verfahren ist besonders unter Spitzensportlern sehr gebräuchlich, wenn sie ihr Ziel visualisieren. Durch mentales Training wird der Zustand, den der Athlet erreichen soll – zwischen realistischem und Wunschziel – schon im Vorfeld so detailliert verinnerlicht, dass der Sportler die Ausführung der Handlung schon vorweggenommen hat und somit die Realisierung des Ergebnisses im Geist bereits vorbereitet wurde.

Kapitel 5

Prinzip 3 – Effizienz: Die drei besten Methoden

Die drei besten Methoden, um Fleiß, Beharrlichkeit und Effizienz zu steigern, sind:

- Dringendes von Wichtigem unterscheiden
- Die Zeit optimal einsetzen
- Entscheidungen treffen

Dringendes von Wichtigem unterscheiden

„Wenn man guten Gebrauch von seiner Zeit machen will, muss man wissen, was am wichtigsten ist, und sich dann mit ganzer Kraft dafür einsetzen."
Lee Iacocca

Werden Sie effektiv! Werfen Sie Ballast ab und schaffen Sie damit Platz für Neues. Sie werden nur dann erfolgreich sein, wenn Sie Ihre Ressourcen optimal einsetzen, indem Sie von wenig produktiven zu produktiven Vorgehensweisen wechseln. Das ist eine Aufgabe, an der Sie ständig arbeiten sollten.

Unsere Gegenwart ist dadurch gekennzeichnet, dass vor allem die Ressource Zeit sehr knapp ist. Deshalb ist es wichtig zu beurteilen, welche der vielfältigen Aufgaben und Möglichkeiten wir in der uns zur Verfügung stehenden begrenzten Zeit ignorieren können und um welche wir uns kümmern müssen. Der Mut zur Lücke beschreibt einen Weg, bewusst damit umzugehen, dass es Dinge gibt, die wir nicht schaffen. Wenn wir unsere Entscheidung, was wir bearbeiten müssen, getroffen haben, gilt es festzulegen, in welcher Reihenfolge die ausgewählten Aufgaben zu erledigen sind.

Ein geeignetes Hilfsmittel dafür ist das Eisenhower-Prinzip, das vom US-Präsidenten und Alliierten-General Dwight D. Eisenhower gelehrt und praktiziert wurde. Mit ihm können wir die wichtigsten Aufgaben herausfinden, die zuerst erledigt werden müssen und unwichtige Dinge nach hinten stellen oder aussortieren.

Nach dem Eisenhower-Prinzip werden alle Aufgaben anhand der Kriterien „wichtig/nicht wichtig“ und „dringend/nicht dringend“ sortiert.

Durch die Kombinationsmöglichkeiten der Faktoren Wichtigkeit und Dringlichkeit ergeben sich vier Aufgabenkategorien:

- A: Aufgaben, die wichtig und dringend sind
- B: Aufgaben, die wichtig, aber nicht dringend sind
- C: Aufgaben, die unwichtig, aber sehr dringend sind
- D: Aufgaben, die unwichtig und nicht dringend sind

Das Eisenhower-Prinzip empfiehlt, mit den so priorisierten Aufgaben wie folgt umzugehen:

- A: sofort selber erledigen
- B: in Zeitplanung aufnehmen und spätere Durchführung
- C: Delegation an Mitarbeiter
- D: Papierkorb

Kritiker des Eisenhower-Prinzips wenden ein, dass durch ein gutes Zeitmanagement dringende Aufgaben gar nicht erst anfallen sollten.

Für mich ist der Nutzen des Eisenhower-Prinzips allerdings unzweifelhaft, denn wir leben in einer Welt, in der wir immer wieder vor unvorhersehbaren Situationen stehen und so mit dringenden Aufgaben konfrontiert werden. Auch das beste Zeitmanagement kann das nicht verhindern. Das Eisenhower-Prinzip gibt mir die Möglichkeit, mich auf wirklich kriegsentscheidende, für meinen Erfolg und für mein Unternehmen wichtige Dinge zu konzentrieren. So kann ich meine Ressource Arbeitskraft höchst ergebnisorientiert und wirksam nutzen.

Bei der Anwendung des Eisenhower-Prinzips sollten Sie Ihr besonderes Augenmerk auf einen großzügigen Umgang mit den beiden Gruppen „delegieren" und „wegwerfen" legen.

Warum delegieren so wichtig ist.

„Ich arbeite nach dem Prinzip, dass man nie etwas selbst tun sollte, was jemand anderes für einen besser erledigen kann."

John D. Rockefeller

Den meisten von uns ist klar, dass wir nicht alle Aufgaben selbst erledigen können. Deshalb delegieren wir sie, übertragen ihre Erledigung auf andere Personen. Dadurch schaffen wir uns Freiräume und können besser planen. Wir gewinnen Zeit für wichtige Aufgaben und somit Geld und vor allem: Wir entlasten uns. Gelingt uns diese Entlastung nicht, setzt uns unser übervoller Terminkalender schnell und dauerhaft unter Druck. Unser persönlicher Stresspegel steigt und steigt und lässt uns nicht mehr wirksam tätig sein.

Delegieren ist immer dann sinnvoll, wenn Sie Aufgaben auf Menschen übertragen, die damit genauso gut oder sogar besser als Sie selbst fertig werden können.

Sie vervielfältigen dadurch Ihre Arbeitskraft und erweitern Ihren Handlungsspielraum.

Die mit der Delegierung verbundene Kompetenzerweiterung steigert die Motivation Ihrer Mitarbeiter. Verwenden Sie deshalb die Übertragung von Aufgaben als aktives Instrument der Personalentwicklung in Ihrem Unternehmen und nutzen Sie bewusst Fachkenntnis, Erfahrung und individuellen Blickwinkel Ihrer Mitarbeiter.

Warum wegwerfen so wichtig ist

Drastisch gesagt: weil einfach viel zu viel Schrott produziert wird. Wenn ich am Montagmorgen ins Büro komme und die Post von Freitag, Samstag und Montag zur Durchsicht erhalte, stelle ich jedes Mal wieder fest, wie viel Müll von Werbeagenturen, Vertriebsorganisationen, Versicherungsbüros oder anderen Tagedieben produziert wird. Für den größten Teil der Korrespondenz gibt es keine passendere Ablage als – den Papierkorb.

Zögern Sie nicht lange mit dem Wegwerfen, denn sollte sich etwas als wirklich wichtig erweisen, liegt es bestimmt bald wieder auf Ihrem Tisch. Also: Weg damit!

Setze deine Zeit optimal ein

„Ist die Zeit das Kostbarste von allem, so ist Zeitverschwendung die allergrößte Verschwendung"
Benjamin Franklin

Die unsichtbare Ressource Zeit nimmt unter allen Ressourcen eine Sonderstellung ein, weil sie nicht manipulierbar ist. Man kann die Uhr nicht schneller oder langsamer gehen lassen, man kann Zeit auch nicht kaufen. Zeit ist ein unbezahlbares und ständig knappes Gut. Hinzu kommt, dass wir Zeit nicht ansparen können. Als einzige Ressource muss sie im gleichen Augenblick genutzt werden, in dem sie zur Verfügung steht.

Der Begriff Zeitmanagement ist deswegen eigentlich irreführend. Wir können einzig und allein Selbstmanagement in Relation zur Zeit betreiben.

Als Handlungsspielraum bleibt uns nur, uns bewusst dafür zu entscheiden, das Beste aus der uns gegebenen Zeit zu machen, also unsere psychischen, mentalen und emotionalen Energien bestmöglich einzusetzen.

Gehen Sie deshalb sorgsam und sinnvoll mit Ihrer Zeit um. Vor allem umtriebige und innovative Menschen scheinen immer zu wenig davon zu haben. Dabei verfügen wir alle über die gleichen Zeitreserven, der Tag hat 24, die Woche 168 und das Jahr 8760 Stunden. Nutzen Sie sie!

Zeit bedeutet Leben

„Gegenüber der Fähigkeit, die Arbeit eines einzigen Tages sinnvoll zu ordnen, ist alles andere im Leben ein Kinderspiel."

Johann Wolfgang von Goethe

Zeitmanagement bedeutet, die Arbeit in der zur Verfügung stehenden Zeit so zu bewältigen, dass man immer selbst der Herr seiner Zeit ist. Herrschen Sie über die Zeit, anstatt sich von der Zeit beherrschen zu lassen. Sich unter Zeitdruck zu fühlen, ist nicht produktiv. Eine optimale Einteilung bzw. Nutzung Ihrer Zeit erreichen Sie nur durch eine konsequente, schriftliche Zeiteinteilung.

Das hat folgende Vorteile:

- Wenn man seinen Zeitplan nur im Kopf hat, verliert man den Überblick.
- Schriftliche Pläne entlasten das Gedächtnis.
- Die Selbstmotivation wird gestärkt.
  (Die Aktivitäten werden zielorientierter.)
- Es gibt weniger Ablenkung, mehr Konzentration.
- Unerledigtes geht nicht verloren.
- Der Erfolg wird weiter gesteigert, wenn die Tagespläne mit der Zeit immer genauer werden.
- Pläne, die in einem separatem Ordner abgelegt oder in einer Datei gespeichert werden, ergeben eine Dokumentation über die geleistete Arbeit.

Zeitdiebe fangen

Die wichtigsten Ursachen für Störungen und Zeitdiebe müssen erkannt werden, denn nur dann kann man sich vor ihnen schützen. Häufig gelangt man bei näherem Nachforschen jedoch zu einer überraschenden Erkenntnis: Der größte Zeitdieb ist man selbst!

Wie oft lässt man sich durch interessantere Aktivitäten von den eigentlich wichtigen Aufgaben abbringen? Wie oft lädt man sich noch die Arbeit anderer auf, obwohl man weiß: Schon das eigene Pensum ist kaum zu bewältigen? Viele Menschen leiden unter dem „Gutmenschensyndrom“ und stehen anderen jederzeit gerne zur Verfügung, können keinen Wunsch abschlagen. Sie stehlen sich damit Ihre eigene Zeit.

Ein anderer cleverer Zeitdieb versteckt sich gerne im Arbeitsumfeld. Oftmals wird das eigene Zeitkonto durch mangelnde Kommunikation geschmälert. Man redet aneinander vorbei, hat unklare Zielvereinbarungen, und anstatt systematisch seine Ziele anzusteuern, verliert man sich in operativer Hektik. Ebenfalls nicht besonders zuträglich für ein gutes Zeitmanagement ist die so genannte „Aufschieberitis“. Unerledigtes belastet, sorgt für Schuldgefühle und Ängste. Hektik und Aufregung über bevorstehende kaum einzuhaltende Termine sind oft das Ergebnis von unerledigten Aufgaben, die wir immer wieder vor uns her schieben. Halten Sie sich an das alte Sprichwort: „Was du heute kannst besorgen, das verschiebe nicht auf morgen!“.

Die Umsetzung ist entscheidend

Um besser organisiert zu sein, dürfen Sie gute Vorsätze nicht nur haben, sondern müssen sie auch umsetzen. Oftmals bleiben wir bei der Feststellung stehen, dass wir nicht organisiert an eine Sache herangehen und ergehen uns in Selbstmitleid. Das löst jedoch nicht die Frage, wie wir unsere gesteckten Ziele erreichen können. Wenn am Ende des Tages immer zu wenig Zeit übrig bleibt, machen Sie sich klar: Zeit verschwindet nicht einfach so, sondern nur durch zwei mögliche Kanäle: entweder durch sinnvoll verwendete oder durch verschwendete Zeit. Erfolgreiche Menschen verschwenden keine Zeit.

Durch die Einhaltung folgender Punkte arbeiten Sie schneller und effektiver:

- Beginnen und beenden Sie Besprechungen pünktlich.
- Bereiten Sie Besprechungen vor.
- Erledigen Sie Wichtiges zuerst.
- Fixieren Sie ein Ziel zeitlich.
- Erledigen Sie terminierte Aufgaben sofort, schieben Sie nichts auf.
- Führen Sie kurze und zielorientierte Gespräche.
- Tragen Sie Termine in Ihren Kalender ein.
- Planen Sie Reservezeiten ein.
- Nutzen Sie Pausen aktiv als Energiequellen.
- Nehmen Sie sich Zeit, um nachzudenken und zu planen.
- Nutzen Sie moderne Kommunikationsmittel wie E-Mail oder Chat.
- Halten Sie Ihren Arbeitsplatz sauber.

Tagesplan und Wochenplan

Bedeutende Bausteine für das Zeitmanagement sind der Tages- und der Wochenplan.

Der Tagesplan dient der schriftlichen Planung und Organisation des Tages und wird am besten schon am Abend vorher erstellt. Alle Aktivitäten und Vorgänge werden eingetragen, die am nächsten Tag erledigt werden müssen. Für jeden Punkt sollte jeweils der geschätzte Zeitbedarf vermerkt werden.

Ein Tagesplan muss stets Zeitreserven aufweisen, da es immer wieder zu Zwischenfällen kommen kann, die eine zu straffe Tagesplanung leicht zur Makulatur werden lassen. Im Einzelnen sind bei der Aufstellung des Tagesplans folgende Punkte zu beachten:

- Was ist mein Tagesziel? (beruflich oder privat)
- Welche vorgemerkten Termine sind zu berücksichtigen?
- Welche Tagesaufgaben sind zu erledigen?
- Wie groß ist der jeweilige Zeitaufwand?
- Welche Prioritäten muss ich setzen?
- Berücksichtige ich meine persönliche Leistungskurve?

Eine optimale Vorbereitung auf den Arbeitstag sollte so aussehen:

- Vor der Arbeit in aller Ruhe auf den Tag einstellen
- Den Tagesplan noch einmal durchgehen
- Für die A-Aufgaben des Tages (wichtig und dringend) die Unterlagen bereitlegen

Am Ende eines Arbeitstags wird ein Soll/Ist-Vergleich des Tagesplans, bezogen auf das Erreichen der Ziele, durchgeführt. Unerledigte Aufgaben werden auf den nächsten Tag übertragen sowie der Tagesplan für den nächsten Tag aufgestellt.

Für den Wochenplan kann dieses Verfahren sinngemäß genauso angewendet werden.

Zeitplanbuch oder Software

Auf dem Markt gibt es sowohl physische Zeitplansysteme als auch Programme für Kalender- und Aufgabenverwaltung in zahllosen Varianten. Deshalb möchte ich hier keine Empfehlung aussprechen, sondern vertraue auf Ihren gesunden Menschenverstand. Wichtig ist nur, dass Sie sich bewusst dafür entscheiden, Ihre Zeit zukünftig besser zu planen und einzusetzen und dafür Projekt- und Aufgabensysteme zu verwenden.

Entscheide

„An den Scheidewegen des Lebens stehen keine Wegweiser."
Charlie Chaplin

Zögern Sie lange, bevor Sie eine Entscheidung treffen? Versuchen Sie, vorher alle Unwägbarkeiten zu berücksichtigen? Oder entscheiden Sie rasch und entschlossen nach Ihrem Bauchgefühl? Widerrufen Sie eine Entscheidung, sowie erste Schwierigkeiten bei ihrer Durchsetzung auftauchen?

Wie entscheiden Sie? Die Antwort auf diese Frage entscheidet wesentlich über Ihren Erfolg. Wenn Sie nicht bereit sind, Entscheidungen zu treffen, werden Sie niemals erfolgreich sein. Die Entscheidung für die beste Lösung eines Problems, die Konsequenz, mit der Sie Ihre getroffenen Entscheidungen durchsetzen sortiert die Spreu der wenig erfolgreichen von den überproportional erfolgreichen Menschen.

Eine Entscheidung ist die bewusste Auswahl unter Alternativen. Diese Auswahl wird immer unter den Bedingungen einer unsicheren Ausgangslage getroffen. Wir sind nicht imstande, alle Einflüsse auf das gewünschte Ergebnis zu kennen. Deshalb können wir uns nur für die Alternative entscheiden, die uns unter den zur Verfügung stehenden Rahmenbedingungen und Informationen als die beste erscheint. Wir treffen dabei eine von Wahrscheinlichkeiten beeinflusste Wahl, dessen müssen wir uns bewusst sein. Gemäß der Wahrscheinlichkeitsrechnung gibt es in komplexen Auswahlprozessen nie eine hundertprozentige Sicherheit gegen Irrtümer. Jedem von uns muss also klar sein, dass unsere Entscheidungen auch falsch sein können, dass eine bestimmte Anzahl von Fehlentscheidungen sogar unvermeidlich ist.

Wenn Sie daran denken, können Sie Entscheidungen schneller und einfacher treffen.

Schnell oder langsam entscheiden

„Es ist besser, unvollkommene Entscheidungen durchzuführen, als beständig nach vollkommenen Entscheidungen zu suchen, die es niemals geben wird."

Charles de Gaulle

In der Literatur wird die Frage, ob Entscheidungen tendenziell eher schnell oder langsam getroffen werden sollen, kontrovers diskutiert. Zu langsame Entscheidungen hemmen Ihre Vorhaben. Zu schnelle Entscheidungen können unter Umständen zu einem Desaster führen. Sie selbst sind dafür verantwortlich, Tempo und Genauigkeit Ihrer Entscheidungsfreude zu analysieren. Sie benötigen dazu Ihren eigenen Blick auf die Dinge, viel Erfahrung und die notwendige Sachkenntnis.

Ich persönlich neige dazu, eher schnell als langsam zu entscheiden und empfehle das auch meinen Kunden. Doch in erster Linie geht es nicht darum, ob Sie schnell oder langsam, sondern ob Sie überhaupt entscheiden. Haben Sie das Gefühl, dass Sie durch das Nichttreffen von Entscheidungen in vielen Projekten und Situationen nicht vorankommen? Dann geht es Ihnen wie den meisten Menschen. Die Entscheidung ist etwas Endgültiges, sie ist der Abschluss Ihrer Auseinandersetzung mit einer Fragestellung. Oftmals liegt das Problem darin, dass man eine endgültige Entscheidung scheut, weil man sich nicht festlegen will. Solange man sich aber nicht festlegt, bleibt man blockiert. Unentschlossenheit lähmt. Wenn Sie typischerweise auf Probleme mit dem Hinauszögern von Entscheidungen reagieren, dann sollten Sie in Ihrem Entscheidungsprozess unbedingt einen höheren Gang einlegen.

Was nutzt es Ihnen, wenn Sie zwar richtig, aber zu spät entscheiden? Nichts. In den allermeisten Fällen ist es besser, eine nicht optimale Entscheidung zu treffen als gar keine.

Probleme sind oftmals nicht bekannt genug

Bei Entscheidungsprozessen stellt sich häufig noch eine zweite Frage: Worum geht es eigentlich genau? Analysiert man aus der Vergangenheit bekannte wichtige unternehmerische oder andere Entscheidungen, so kann man festhalten, dass eine Entscheidung erst dann zur Debatte stehen und getroffen werden sollte, wenn das Problem klar und tiefgreifend genug definiert ist. Viele Menschen neigen dazu, eine Entscheidung zu einem Problem zu treffen, das sie nur oberflächlich kennen. Die Determinanten der Entscheidung sind unbekannt, die Wahrscheinlichkeit einer falschen Entscheidung ist in diesen Fällen natürlich hoch.

Es wird nach zu wenig Alternativen gesucht

Nicht zu verwechseln damit, ob man schnell oder langsam entscheiden soll, ist die Frage, wie viele Alternativen man für eine Entscheidungsfindung benötigt. Die Erfahrung zeigt, dass Entscheidungen oft getroffen werden, ohne alle möglichen Alternativen zu kennen bzw. sie konkret betrachtet zu haben. Für die Suche nach Alternativen ist es besonders wichtig, andere Menschen mit in den Entscheidungsprozess einzubeziehen und seinen Blickwinkel auf das Problem zu verändern. Suchen Sie mit kreativen Mitteln nach neuen Lösungen. Je besser Ihnen das gelingt, desto besser werden Ihre Entscheidungen sein.

Verstand oder Gefühl

Treffen Sie Ihre Entscheidungen immer mit Verstand und mit Gefühl, denn Emotion und Ratio sind die beiden Säulen unseres Handelns. Der größte Teil unserer täglichen Entscheidungen ist hauptsächlich emotionsgesteuert, auch wenn wir im Nachhinein häufig versuchen, sie rational zu begründen.

Ich fahre seit mehreren Jahren Porsche, aktuell einen Cayenne. Die Entscheidung für meinen Porsche Cayenne habe ich selbstverständlich aus rein rationalen Gründen getroffen. Der Wagen verfügt über großen Stauraum und einen durchzugsstarken Motor. Außerdem ermöglicht er mir durch das höhere Fahrwerk eine gute Voraus- und Rundumsicht, so dass ich damit sicher unterwegs bin. Ebenfalls für Sicherheit sorgen die großen und gut funktionierenden Bremsen, und die Ausstattung mit mehreren Airbags. Hat Sie meine Erklärung überzeugt? Habe ich die Entscheidung, einen Porsche Cayenne zu fahren, wirklich aus rein rationalen Gründen getroffen? Nein, natürlich nicht, sondern nur: „weil's geil ist!".

Achtzig Prozent unserer Entscheidungen treffen wir emotional, nur zwanzig Prozent aus rationalen

Gründen. Die besten Entscheidungen sind die, bei denen Gefühl und Verstand miteinander harmonieren. Das gilt auch für die so genannten Bauchentscheidungen. Diese Entscheidungen, auch ad-hoc-Entscheidungen genannt, treffen wir zwar schnell, aber nicht aus der Situation heraus ausschließlich impulsiv, rein gefühlsgesteuert, sondern in den meisten Fällen, weil wir durch jahrelange Erfahrung und Kenntnisse des Problems darauf vorbereitet sind, wie wir in der jeweiligen Situation entscheiden sollten. Deshalb können wir rasch zu einem Entschluss kommen, um den andere endlos lange ringen müssen.

Die Umsetzung berücksichtigen

Brillante Wirtschaftsführer und herausragende Politiker eint eine Gemeinsamkeit beim Treffen von Entscheidungen: Sie berücksichtigen bereits beim Prozess der Entscheidungsfindung, ob es realistische Möglichkeiten für deren Umsetzung gibt. Entscheidung und Umsetzung gehören bei ihnen untrennbar zusammen. Wie viele Entscheidungen haben Sie in letzter Zeit getroffen, ohne sie wirklich auch in Handlung umzusetzen? Nur wenn es Ihnen gelingt, bereits im Entscheidungsprozess die Umsetzung mit zu berücksichtigen und zu implementieren, werden Ihre Entscheidungen auch wirksam sein.

Der Weg zur perfekten Entscheidung

In den meisten Fällen werden Sie Ihre Entscheidungen dann perfekt treffen können, wenn Sie eine gewisse Abfolge von Schritten einhalten. Das sind:

- Die genaue Bestimmung des Problems
- Die Definition der Anforderungen, denen die Entscheidung genügen muss
- Die Suche nach allen möglichen Alternativen
- Die Bewertung der einzelnen Alternativen, deren Risiken, Chancen und Folgen
- Die Berücksichtigung der Umsetzung bereits vor der Entscheidung, also die Vorwegnahme der Realisierung
- Das Fällen der Entscheidung

Nach der Entscheidung

Entscheidungen sind nicht für immer in Stein gemeißelt, aber sie müssen auf jeden Fall so lange Bestand haben, wie sich relevante Rahmenbedingungen nicht verändern. Es führt zu nichts, wenn Sie eine gerade getroffene und schon in Umsetzung befindliche Entscheidung ständig hinterfragen und darüber nachgrübeln, ob Sie sie eventuell verändern sollten. Eine Entscheidung ist eine Entscheidung. Sie sollten sie konsequent als richtig betrachten und ihr treu bleiben. Wenn Sie das Für und Wider gründlich abgewogen haben, dann bleiben Sie beharrlich bei Ihrer Wahl. Ziehen Sie Ihre Entscheidung durch und vertrauen Sie Ihrem eigenen Urteil: Unter den gegebenen Umständen war Ihre Entscheidung richtig! Seien Sie kein Fähnlein im Wind! Erst wenn der Wind zum Sturm wird, sich äußere Bedingungen entscheidend ändern und eine neue Sichtweise auf die ehemals getroffene Entscheidung zwingend notwendig wird, sollten Sie Ihre Entscheidung überdenken. Machen Sie sich dann sofort wieder auf den Weg zur perfekten Entscheidung, natürlich mit dem zusätzlichen Wissen um die Alternative, die Sie gerade auf den Prüfstand stellen.

Doch vor allem kommt es für den Erfolg darauf an, Entscheidungen auch zu realisieren. Dazu muss man Aufgaben definieren, die Aufgaben verteilen, und die Ergebnisse kontrollieren.

Nicht jede Gelegenheit ist auch eine Chance

Nachdenken lohnt sich immer, gerade wenn es um verschiedene Gelegenheiten geht, die sich Ihnen im Laufe Ihres Unternehmerlebens bieten. Chance oder Risiko? Sie müssen auch hier die Lage erst prüfen und die Vor- und Nachteile Ihrer Handlungsalternativen abwägen, bevor Sie entscheiden. Doch Ihre Entscheidung sollten Sie trotzdem schnell und konsequent fällen, denn erfahrungsgemäß kehren Chancen sobald nicht wieder zurück. Oftmals ist es besser, das Risiko einzugehen, eine falsche Entscheidung schnell zu treffen, als eine richtige zu spät.

Kapitel 6

Erfolgreich in 21 Tagen

Und wie funktioniert die Umsetzung dessen, was Sie gelesen haben? Stellen Sie sich vor, Sie wollen lernen, ein Instrument zu spielen – zum Beispiel Gitarre. Wenn Sie ein Buch über das Gitarrespielen lesen – werden Sie dadurch automatisch ein guter Gitarrist? Wenn Sie sich einen Musiklehrer nehmen, der Ihnen beibringt, wie man Noten liest und die Saiten spielt – sind Sie dann ein guter Gitarrist? Nein! Denn nur zu wissen, wie etwas funktioniert, bedeutet noch lange nicht, es auch zu können und schon gar nicht, es gut zu können!

Die „21 Tage zum Erfolg“ beschreiben den Weg, auf dem Sie in den nächsten drei Wochen Gewohnheiten entwickeln, um das „3 x 3 des Erfolges“ zu Ihrer Lebenseinstellung werden zu lassen. Dazu genügen 21 Tage vollkommen. Ich habe dieses System so gestaltet, dass Sie jeden Tag maximal 30 Minuten für die einzelnen Schritte benötigen. Diese Übungen können Ihr Leben verändern, denken Sie daran! Sie sind essenziell wichtig. Die Übungen müssen Sie durchführen, damit Sie nicht nur die graue Theorie der Erfolgsmethode von Torsten Boorberg kennen, sondern den Weg in die Praxis finden.

Ich empfehle Ihnen, in den nächsten 21 Tagen möglichst jeden Tag zur gleichen Zeit einen Termin für sich zu reservieren. Ob Sie die Übungen gleich morgens nach dem Aufstehen durchführen und sich dafür eine halbe Stunde früher aus dem Bett begeben oder ob Sie diese Übung in Ihrer Mittagspause einplanen, um auf neue Ideen und Impulse für den Rest des Tages zu kommen oder doch lieber abends nach der Arbeit loslegen, bleibt ganz Ihnen überlassen. Es ist völlig gleichgültig, wann Sie sich die Zeit nehmen. Ich bitte Sie nur um eines: Installieren Sie in den nächsten 21 Tagen jede Übung als festes, in jedem Fall auszuführendes Programm in Ihrem Tagesplan. Ohne Veränderung und ohne Ausredemöglichkeit.

In 21 Tagen zum Erfolg

Auch der längste Weg beginnt mit dem ersten Schritt. Gehen Sie ihn, indem Sie den 21-Tage-Plan absolvieren, den ich für Sie aufgestellt habe. Darin stelle ich Ihnen 21 Aufgaben, die Sie in jeweils maximal 30 Minuten bearbeiten sollten. Die Ergebnisse Ihrer Arbeit tragen Sie bitte in Ihr Erfolgstagebuch ein. Versuchen Sie, Erkenntnisse, die Sie aus den einzelnen Übungen gewinnen, sofort und nicht erst nach dem Abschließen aller Übungen anzuwenden. Am Ende des Programms besitzen Sie dann das Handwerkszeug für ein erfolgreiches Leben.

Auch wenn Sie nicht alle Aufgaben des Plans bewältigen sollten, werden Sie auf jeden Fall einige Punkte entdecken, die für Sie besonders spannend und wichtig sind. Setzen Sie diese für Ihren persönlichen Erfolgsweg bedeutsamen Erkenntnisse konsequent um, dann werden Sie ebenfalls erfolgreicher sein als bisher.

Dokumentieren Sie Ihren Erfolgsweg

Am besten führen Sie dafür ein persönliches Erfolgstagebuch. Es ist nämlich nicht immer leicht, sich an

Erfolge zu erinnern. Wie im Kapitel „Work hard – play hard“ dargestellt neigen wir eher dazu, uns auf Misserfolge zu konzentrieren, und diese immer wieder in unser Bewusstsein zu rücken. Dadurch werden wir jedoch eingeschränkt, misserfolgsorientiert und glauben nicht mehr an Lösungen. Natürlich lernen wir auch aus Misserfolgen, um einen Fehler nur einmal zu begehen, unser Fokus muss aber auf unseren Erfolgen liegen, die wir uns immer wieder ins Gedächtnis rufen sollten.

Schreiben Sie in Ihrem Tages-Protokoll Ihre bedeutenden Erfolge nieder. Notieren Sie, was Sie geschafft, was Sie besonders gut und erfolgreich erledigt haben. Halten Sie so Ihre positiven Erlebnisse in Ihrem Erfolgstagebuch fest.

Dokumentieren Sie auch die Antworten auf die täglichen Fragen, die Sie in den nächsten 21 Tagen, quasi als Hausaufgabe, zu beantworten haben. Wenn Sie sich in den nächsten 3 Wochen konsequent eine halbe Stunde am Tag diesen Fragen und Ihren Antworten und dem Erfolgstagebuch widmen, haben Sie am Ende einen perfekten Weg für die Dokumentation Ihrer Erfolge gefunden, den Sie auch zukünftig gehen können, um daraus jederzeit Stärke zu schöpfen.

Und: Nach 21 Tagen konsequenter Beschäftigung mit Ihren eigenen Erfolgsgeheimnissen haben Sie die ersten Schritte in Richtung Routine getan. Dieser Weg wird Ihnen in Fleisch und Blut übergegangen sein und Sie werden ihn als ihren persönlichen Erfolgsweg für den Rest Ihres Lebens beibehalten können – als standardisiertes Vorgehen für mehr Erfolg.

Tag 1 – Wo werden Sie in 10 Jahren sein?
Wie soll sich Ihr Privatleben bis dahin entwickeln, Ihre Partnerschaft? Wo wollen Sie beruflich stehen? Welche Position nehmen Sie dann ein? Sind Sie selbstständig, haben Sie Mitarbeiter, wenn ja, wie viele? Womit verdienen Sie Ihr Geld, welche Arbeiten erledigen Sie täglich, wie wird Ihr Tagesablauf sein?

Tag 2 – Was hält Sie bisher davon ab erfolgreich zu sein?
Wer, was, wann, wie, warum... Welche Punkte sind Einwände und welche sind Vorwände? Warum haben Sie die Vorwände nicht beseitigt und die Einwände abgearbeitet? Was hält Sie wirklich davon ab, erfolgreich zu sein und warum?

Tag 3 – Welche erfolgreichen Menschen bewundern Sie?
„Bei Vorbildern ist es unwichtig, ob es sich dabei um einen großen toten Dichter, um Mahatma Gandhi oder um Onkel Fritz aus Braunschweig handelt, wenn es nur ein Mensch ist, der im gegebenen Augenblick ohne Wimpernzucken gesagt oder getan hat, wovor wir zögern."
Erich Kästner

Finden Sie mindestens 3 Menschen, die für Sie als Vorbild in Frage kommen, und googeln Sie deren Lebensgeschichte, falls Sie sie nicht kennen. Warum bewundern Sie diese Menschen? Weisen deren Lebenswege Parallelen zu Ihrem eigenen auf?

Tag 4 – Was motiviert Sie?
Was möchten Sie unbedingt haben, wovon möchten Sie unbedingt mehr haben, was möchten Sie nicht mehr tun müssen, was ist Ihnen wirklich wichtig? Geld, Liebe, Ansehen, Image, der Welt etwas geben? Sind Sie nachlassorientiert, legen Sie Wert auf Familie, Freundschaften – und warum?

Tag 5 – Wer sind die wichtigsten Menschen für Sie?
Sicherlich werden Sie jetzt Namen aus Ihrem Familien- und Freundeskreis niederschreiben, die Namen Ihrer Frau/Ihres Mannes, Ihrer Kinder, der besten Freundin/ des besten Freundes. Das ist einfach. Aber warum sind es diese Personen? Was genau macht sie so wichtig für Sie?

Tag 6 - Was ist Erfolg für Sie persönlich?
Ist der Erfolg für Sie ein Gefühl der Selbstbestätigung? Ein Signal, dass Sie Ihre Visionen verwirklichen können? Ist er wichtig, weil Sie dadurch mehr Anerkennung von anderen erfahren? Genießen Sie den Erfolg, weil er Ihnen die Möglichkeit bietet, mehr materiellen Wohlstand zu erlangen oder Ihr Ansehen zu stärken? Denken Sie darüber nach.

Tag 7 – Was können Sie besser als andere?
Was konnten und können Sie besser als andere im Beruf, im Alltag, in der Schule, während der Ausbildung, an der Universität? Haben Sie besondere Fähigkeiten im Sport, oder bei einer anderen Aktivität oder Beschäftigung? Welche genau? Haben Sie Begabungen,

die sich immer wieder bemerkbar machen und sich wie ein roter Faden durch Ihr Leben ziehen?

Tag 8 – Was ist Ihr schönster Zeitvertreib?
Aktiv oder passiv, Sport oder ausruhen? Wo liegen Ihre Vorlieben? Nutzen Sie Freizeit für zusätzliches Lernen oder eher nicht? Welche Art des Urlaubs bevorzugen Sie? Reisen Sie gerne, möchten Sie andere Kulturen kennenlernen?

Tag 9 – Wer unterstützt Sie?
Privat und beruflich – wer unterstützt Sie? Haben Sie Freunde, die auch in kritischen Situationen für Sie da sind? Was würde sich verändern, wenn Sie erfolgreich werden? Wer steht dann weiter zu Ihnen, wer nicht? Ist Erfolg in Ihrem Umfeld überhaupt erwünscht? Wer in Ihrer Umgebung ist erfolgreich und warum?

Tag 10 – Was würden Sie mit 1 Million Euro tun?
Investieren Sie das Geld oder werden Sie es verprassen? Geben sie davon etwas ab – für wohltätige Zwecke vielleicht? Welchen Konsum würden Sie sich zuerst gönnen – und in welcher Höhe?

Tag 11 – Was wollen Sie nie mehr machen müssen?
Welche Dinge sind das? Warum gerade diese? Und – was passiert mit diesen Sachen, kann jemand anders das für Sie erledigen? Müssen Sie denjenigen dafür bezahlen? Wie viel müssen Sie bezahlen, können Sie sich das leisten? Was müssen Sie dem anderen beibringen,

wie wollen Sie das tun und wie viel Zeit kostet Sie das? Macht das überhaupt Sinn? Wie viel Lebensqualität gewinnen Sie, wenn Sie diese Dinge nicht mehr tun müssen?

Tag 12 – Was behindert Sie auf Ihrem Erfolgsweg?
Abnehmen, mehr Sport treiben, früher aufstehen, weniger schlafen, genauer planen, insgesamt leistungsfähiger werden – warum haben Sie das bisher noch nicht geschafft? Die Frage ist: Welche meiner liebgewonnenen, aber mich einschränkenden Gewohnheiten bin ich bereit abzulegen?

Tag 13 – Was sind die ersten Veränderungen für Ihr erfolgreiches Leben?
Was genau müssen Sie für diese Veränderungen tun? Was sind die nächsten fünf Schritte, die sie konkret auf Ihrem Weg zu mehr Erfolg gehen werden?

Tag 14 – Wie stellen Sie sich den idealen Arbeitstag vor?
Nehmen Sie dazu bitte einen exemplarischen Arbeitstag als Basis, also nicht gerade den Tag, an dem Sie eine Million Euro im Lotto gewonnen haben, sondern einen Tag, wie er üblicherweise immer wieder bei Ihnen vorkommt. Wenn Sie diesen Tag optimieren könnten, wie würden Sie vorgehen?

Wann würden Sie aufstehen, was als erstes tun? Trinken Sie morgens gerne in Ruhe eine Tasse Kaffee, kommen aber bisher durch den Stress nicht dazu? Wie könnten Sie den Tag gestalten, damit Sie das erreichen? Welche Arbeiten erledigen Sie morgens, welche mittags? Wo gehen Sie Mittagessen – auswärts? Oder essen Sie nur eine Stulle? Wie lange würden Sie arbeiten? Hätten Sie nachmittags gern noch eine Pause? Wie sieht Ihr Feierabend im Idealfall aus?

Die Kunst besteht darin, so viele Details wie möglich aus dem idealen Tag in den aktuellen Tag zu übernehmen.

Tag 15 – Wie treffen Sie Entscheidungen?
Welche Entscheidungen haben Sie heute getroffen? Wie lange haben Sie dafür gebraucht? Was waren Ihre Entscheidungsparameter? Haben Sie aus dem Bauch heraus entschieden? Wie beurteilen Sie Ihre Entscheidungen? Wie lange haben Sie für die Beurteilung gebraucht? Wie fühlen Sie sich mit diesen Entscheidungen? Überdenken Sie, welche neuen Entscheidungen Sie treffen müssen und wie viel Zeit Sie dazu benötigen.

Tag 16 – Was sind Ihre größten Zeiträuber?
Womit verschwenden Sie Ihre Zeit? Bei dieser Frage geht es nicht darum, Hobbies zu verbieten, die der Weiterentwicklung oder Entspannung dienen. Es geht um echte Zeitverschwendung. Welche Reisewege nutzen Sie beispielsweise, fahren Sie viel selbst mit dem Auto oder doch mit der Bahn?

Tag 17 – Was können Sie wirklich schlecht?
Im Beruf, in der Freizeit, im Alltag – was misslingt Ihnen regelmäßig? Haben Sie Hassdisziplinen im

Sport und welche sind das? Gibt es Schwächen und Abneigungen, die sich wie ein roter Faden durch Ihr Leben ziehen, die schon in der Schule, in der Ausbildung oder an der Universität existierten? Wie gehen Sie damit um? Schieben Sie die dementsprechenden Aufgaben weg? Delegieren Sie oder lassen es einfach sein? Vermeiden Sie den Umgang mit Ihren Schwächen oder kehren Sie die Fehler unter den Teppich? Warum gehen Sie Ihre ungeliebten Aufgaben nicht an? Wie wollen Sie zukünftig damit umgehen?

Tag 18 – Welche Erfolgsentscheidungen haben Sie in Ihrem Leben getroffen?
Denken Sie dabei an Ihren Beruf, Ihre persönliche Weiterbildung, Reisen, Partnerschaft, Freundschaften oder andere Bereiche.

Tag 19 – Wie sieht Ihr perfekter Arbeitstag aus, wenn Sie erfolgreich sind?
Was würde sich verändern – was bliebe gleich?

Tag 20 – Wie wollen Sie mit aufkeimendem Neid umgehen?
Würden Sie sich durch ihn gestört fühlen? Was täten Sie dagegen? Würden Sie den Neid ignorieren oder sich dagegen zur Wehr setzen und versuchen sich zu rechtfertigen? Oder genössen Sie sogar den Neid anderer und fühlten sich dadurch bestätigt und angespornt?

Tag 21 – Wem werden Sie vom „3 x 3 des Erfolges" erzählen?

Finden Sie mindestens zehn Personen, denen Sie eine Mail mit folgendem Inhalt schicken:

Hallo Paul,
ich habe mir das sensationelle Buch „Das 3 x 3 des Erfolges" von Torsten Boorberg gekauft und durchgearbeitet. Ich muss sagen: Ein tolles Buch mit einem klasse Programm und vielen Ideen für ein erfolgreiches (Berufs-)Leben. Das solltest Du Dir auch besorgen. Schau Dir doch mal diesen Link an: www.boorberg-gruppe.de
Gruß und Kuss Dein Julius.

Notizen

Notizen

Notizen

Notizen